Data Visualization with Python

Python
数据可视化

微课版

王国平 / 编著

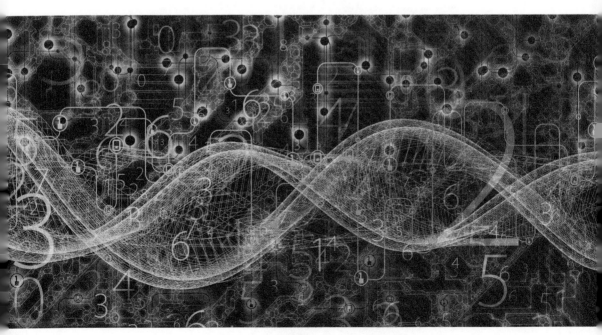

人民邮电出版社

北 京

图书在版编目（CIP）数据

Python数据可视化 ：微课版 / 王国平编著. —— 北京 ： 人民邮电出版社，2022.1（2023.10重印）
数据科学与大数据技术专业系列规划教材
ISBN 978-7-115-56220-3

Ⅰ．①P··· Ⅱ．①王··· Ⅲ．①软件工具－程序设计－教材 Ⅳ．①TP311.561

中国版本图书馆CIP数据核字(2021)第054064号

内 容 提 要

本书系统地讲解了利用Python进行数据可视化的方法与应用场景。全书分为4篇，共12章，主要内容包括数据可视化概述、Python数据可视化库、时序数据的可视化、金融数据的可视化、空间数据的可视化、地理数据的可视化、层次数据的可视化、网络数据的可视化、多元数据的可视化、文本数据的可视化，以及我国人口现状及其趋势分析与可视化、社交电商营销分析与可视化等。

本书可作为普通高等院校数据科学与大数据技术等专业相关课程的教材，也可作为数据分析行业从业人员的参考书。

◆ 编　著　王国平
　　责任编辑　许金霞
　　责任印制　王　郁　马振武
◆ 人民邮电出版社出版发行　　北京市丰台区成寿寺路 11 号
　　邮编　100164　　电子邮件　315@ptpress.com.cn
　　网址　https://www.ptpress.com.cn
　　固安县铭成印刷有限公司印刷
◆ 开本：700×1000　1/16
　　印张：13.5　　　　　　　　　2022 年 1 月第 1 版
　　字数：292 千字　　　　　　　2023 年 10 月河北第 4 次印刷

定价：69.80 元

读者服务热线：(010)81055256　印装质量热线：(010)81055316
反盗版热线：(010)81055315
广告经营许可证：京东市监广登字 20170147 号

前言

当前，我们正处于大数据"爆发"的时代，涌现出大量不同类型的时空数据和非时空数据。"信息激流"使个人、企业乃至社会对大数据的依赖不断深化，与此同时，数据可视化研究已成为一个新的时代课题；与立体建模等方法相比，数据可视化所涵盖的技术更加广泛。

数据可视化是关于数据视觉表现形式的科学和技术，需要充分使用图形、图像处理及计算机视觉和用户界面来表达，并且通过立体、表面、属性和动画等对数据加以可视化解释。早在 18 世纪，威廉·普莱费尔（William Playfair）在其出版的《商业与政治图解集》中就已经使用了图表。

数据可视化是技术与艺术的完美结合，它借助图形化的手段，清晰、有效地传达与交流信息。一方面，数据赋予可视化意义；另一方面，可视化增加数据的"灵性"。二者相辅相成，帮助企业从信息中提取知识、从知识中收获价值。

Tableau、Microsoft、IBM 等企业纷纷涉足数据可视化领域，虽然这些企业降低了数据可视化的难度，让初学者也可以快速入门，但是目前的商业可视化工具存在诸多不足，其中较大的缺点就是视图定制化水平有限，不能根据数据分析师的想法创建个性化视图。

目前，Python 颇受广大数据分析师的追捧，这是由于它具有开源免费、简单易学、用途广泛等特点。本书将深入介绍如何使用 Python 3.9.0 对不同类型的数据进行可视化分析。

本书的内容

本书分为 4 篇，共 12 章，具体内容介绍如下。

第 1 章介绍数据可视化的基础知识，如数据及其预处理、数据可视化的挑战和基本流程等，并重点介绍对比型、趋势型、比例型、分布型以及其他类型的图表和案例。

第 2 章介绍 Python 数据可视化库，如 Matplotlib、Pyecharts、Seaborn、Bokeh、HoloViews、Plotly、NetworkX 等。

第 3 章介绍时序数据的可视化，并通过实际案例讲解其可视化方法，如折线图法、散点图法、日历图法、动态图法、主题河流图法、平行坐标系法、甘特图法、自相关图法、脊线图法等。

第 4 章介绍金融数据的可视化，并通过实际案例讲解其可视化方法，如 K 线图法、OHLC 图法、Renko 图法、MACD 图法、BOLL 图法、RSI 图法等。

第 5 章介绍空间数据的可视化，并通过实际案例讲解其可视化方法，如三维条形图法、三维曲面图法、三维散点图法、三维等高线法等。

第 6 章介绍地理数据的可视化，并通过实际案例讲解其可视化方法，如热力地图法、着色地图法、三维地图法、动态地图法、轨迹地图法等。

第 7 章介绍层次数据的可视化，并通过实际案例讲解其可视化方法，如树状图法、旭日图法、和弦图法等。

第 8 章介绍网络数据的可视化，并通过实际案例讲解其可视化方法，如无向图法、有向图法、社交网络图法等。

第 9 章介绍多元数据的可视化，并通过实际案例讲解其可视化方法，如散点图矩阵法、雷达图法、平行坐标系法、变量降维法等。

第 10 章介绍文本数据的可视化，并通过实际案例讲解其可视化方法，如标签云法、文档散法、词云法、主题河流图法等。

第 11 章介绍时空数据的可视化及建模，并用于研究我国人口现状及其趋势，内容包括数据采集及整理、人口总数及结构分析、人口增长率数据分析、人口抚养比数据分析等。

第 12 章介绍非时空数据的可视化分析，用于研究社交电商营销，内容包括社交电商及其发展趋势分析、商品属性分析、客户社交分析、营销效果分析等。

本书的特色

（1）按照数据特征分类，数据可视化类型丰富

本书是一本全面介绍应用 Python 进行数据可视化的教材，将数据按照时空数据与非时空数据两种数据类型分类，涵盖时序数据、金融数据、空间数据、地理数据、层次数据、网络数据、多元数据、文本数据 8 种类型数据的可视化方法。

（2）基于应用场景，详细解析企业真实案例

本书结合数据可视化的案例，从图形概述、场景应用、代码示例、参数设置到图形绘制，由浅入深、循序渐进地将应用 Python 进行数据化的方法详细介绍，所有案例均来自企业真实案例，有助于读者快速提高数据分析能力。

（3）微课视频导学，教辅资源丰富

本书主要案例均配有微课视频，读者扫描书中二维码即可观看，并可根据书中的代码进行实际操作。同时，本书还配有丰富的教辅资源，如 PPT 课件、数据源、代码、教学大纲、习题参考答案等。所有资源可登录人邮教育社区（www.ryjiaoyu.com），在本书的页面免费下载。

由于编者水平所限，书中难免存在不妥之处，请广大读者批评指正。

编者

2021 年 9 月

目录

第1篇 可视化基础篇

第 2 篇　时空数据篇

第 3 章　时序数据的可视化 〉〉〉〉〉〉〉〉〉〉〉〉〉〉〉〉〉〉〉 061

第 4 章　金融数据的可视化 〉〉〉〉〉〉〉〉〉〉〉〉〉〉〉〉〉〉〉 089

第5章　空间数据的可视化 〉〉〉〉〉〉〉〉〉〉〉〉〉〉〉〉〉〉〉 106

第6章　地理数据的可视化 〉〉〉〉〉〉〉〉〉〉〉〉〉〉〉〉〉〉〉 115

第3篇 非时空数据篇

第 4 篇　案例实战篇

第 11 章　我国人口现状及其趋势分析与可视化 ›› 166

第 12 章　社交电商营销分析与可视化 ›››››››››› 183

第 1 篇　可视化基础篇

可视化是利用计算机图形学和图像处理技术，将数据转换成图形或图像在屏幕上显示出来，再进行交互处理的理论、方法和技术。对企业来说，可视化不仅能将企业"凌乱的数字"转变为"美丽的景色"，还能实现将难以"看穿"的数据信息应用到企业决策过程中，在提升企业形象的同时，增加企业的经营收入，因此，可视化可谓是技术与艺术的完美结合。

本篇我们将介绍数据可视化的基础、如何实施数据可视化，以及基本的可视化图表。此外，还将重点介绍 Python 中 7 个常用的数据可视化库。

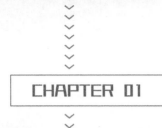

第1章 数据可视化概述

> > > > > > > > > > > > ## 1.1 数据可视化基础

1.1.1 数据及其获取途径

根据百度百科对数据的定义，数据是指对客观事件进行记录并可以鉴别的符号，是对客观事物的性质、状态以及相互关系等进行记载的物理符号或这些物理符号的组合。也就是说，数据是可识别的、抽象的符号。

数据可视化
基础

在数据分析中，我们会接触到很多数据，这些数据都是有类别之分的。根据结构的不同，数据可以分为3类：结构化数据、半结构化数据、非结构化数据。

1. 结构化数据

结构化数据是指可以使用关系数据库表示和存储，表现为二维形式的数据。它以行为单位，一行数据表示一个实体的信息，每一行数据的属性是相同的。在企业实践中,结构化数据一般存储在关系数据库中,例如客户信息的二维表形式,如表1-1所示。

表1-1　客户信息的二维表形式

客户编号	性别	年龄	学历	职业	……
Cust-10015	男	34	高中	普通工人	……
Cust-10030	男	54	硕士	企业白领	……
Cust-10045	男	37	高中	普通工人	……
Cust-10060	女	60	初中	普通工人	……
Cust-10075	男	28	本科	企业白领	……
Cust-10090	女	36	高中	普通工人	……
Cust-10105	女	27	大专	技术工人	……
Cust-10120	女	40	大专	普通工人	……

……

2. 半结构化数据

半结构化数据是介于结构化数据和非结构化数据之间的数据，XML、HTML 文档就属于半结构化数据。半结构化数据的结构和内容混在一起，没有明显的区分，一般以树或者图的数据结构存储，例如商品订单数据的 XML 格式，如下所示。

```
<order>
  <id>CN2020101505</id>
  <date>2020/06/30</date>
  <city>shanghai</city>
  <address>266 Beijing West Road</address>
  <price>89.61</price>
</order>
```

3. 非结构化数据

非结构化数据，顾名思义，就是没有固定结构的数据，例如各种文本、图像、图形、视频、音频，如图 1-1 所示。对于这类数据，我们一般直接整体存储，而且一般存储为二进制的格式。

通常，数据分析工作正常开展的前提是要有"柴米油盐"，也就是数据。一般情况下，数据的获取途径主要有以下 3 种。

图 1-1 非结构化数据

（1）企业系统数据

企业系统数据是指企业系统数据库中记录的数据，例如企业资源计划（Enterprise Resource Planning，ERP）系统、客户关系管理（Customer Relationship Management，CRM）系统、制造执行系统（Manufacturing Execution System，MES）等系统中存储的大量生产、经营、销售和客户数据，这些是目前大部分企业系统数据的主要来源。配置好服务器数据库的连接后，就可以从企业系统数据库中取出需要的数据了。

（2）本地离线数据

本地离线数据是指以 XLSX、CSV、TXT、JSON 等格式存储的本地数据文件。一些小微企业会将生产经营过程中产生的数据通过 Excel 收集、整理和汇总成本地数据文件，保存在特定的文件夹中，并形成一定的规范，从而实现持续更新。

（3）外部公开数据

外部公开数据是指通过爬虫等工具从外部公开的互联网资源中搜集的数据，或者是通过应用程序接口（Application Programming Interface，API）调用的外部数据，如股票交易数据。获取的外部数据一般需要导入企业系统数据库，这样数据就能够实现更新。

1.1.2 数据预处理

通常，原始数据会包含噪声数据或不一致的数据等。为了改善数据可视化的效果，在进行数据挖掘之前，必须对原始数据进行一定的处理，这一过程就是数据预处理。

数据预处理一般包含数据清洗、数据集成、数据转换和数据消减 4 个阶段，如图 1-2 所示。

1. 数据清洗

数据清洗是指消除数据中存在的噪声数据或不一致的数据等。其中，噪声数据是指数据中存在错误或异常的数据，而不一致的数据则是指前后不一致的数据。数据清洗的方法通常包括补全遗漏数据、平滑噪声数据、除去异常数据、纠正不一致数据等。

2. 数据集成

数据集成是指将来自多个数据源（如数据库和文件等）的数据按照统一的格式结合在一起，以形成比较完整的数据集合，为数据挖掘的顺利进行提供基础。数据集成能够使来自多个数据源的实体相互匹配，并能适当处理数据冗余等问题。

图1-2　数据预处理

3. 数据转换

数据转换主要是指对数据进行规格化操作，将数据进行转换或归并，以形成适合数据挖掘的形式，其方法包括数据的类型转换、数据的标准化、数据的离散化等。

4. 数据消减

数据消减是指在基本不影响最终挖掘结果的情况下，大幅度缩小需挖掘数据的规模，从而减少后续数据预处理和数据分析的时间，常见的数据消减方法有消减数据块、消减维数等。

1.1.3　数据可视化及其挑战

在百度百科中，可视化被定义为利用计算机图形学和图像处理技术，将数据转换成图形或图像在屏幕上显示出来，再进行交互处理的理论、方法和技术。例如，对"黑洞"的可视化显示了其引力如何"扭曲"人们的视线，使其附近的太空环境变形，如图1-3所示。

数据可视化的基本思想：将每一个数据项作为单个图元，同时将数据的各个属性值以多维数据的形式表示，从而实现对数据进行更深入的观察和分析。

在大数据时代，数据可视化工具必须具备4个特性，如图1-4所示。

图1-3　"黑洞"的可视化

图1-4　数据可视化工具的特性

➤ 数据实时更新：数据可视化工具必须适应大数据时代数据量爆炸式增长的特点，能够快速收集与分析数据，并对数据信息进行实时更新。

> ➤ 工具易于操作：数据可视化工具需要具备快速开发、易于操作的特性，并且能够适应互联网时代信息多变的特点。
> ➤ 展现形式丰富：数据可视化工具还需要具备丰富的展现形式，能够充分满足数据多维度展现的要求。
> ➤ 多种数据集成：数据的来源不局限于数据库，数据可视化工具需要支持数据仓库、文本等多种方式，并能够通过互联网呈现图表。

围绕数据可视化工具的 4 个特性，未来数据可视化的挑战主要有以下两个方面。

1. 大数据可视化分析

大数据正在引发新的技术革命，利用大数据技术我们可以从海量、复杂、实时的数据中发现所需数据。面对大数据技术，我们需要发展新的计算理论、数据分析方法、可视化分析方法和数据组织与管理方法。

相较于传统的业务数据，大数据存在不规则和模糊不清的特性，造成很难甚至无法使用传统软件进行分析的情况。目前，部分企业面临着不知如何从各种纷繁的数据中挖掘出商业价值的困境。

2. 探索式可视化分析

目前，可视化分析是涉及数据挖掘、人机交互、计算机图形学、心理学的交叉学科，如何将可视化与分析有机地结合，是企业进行可视化分析面临的难题。

在探索式可视化分析中，图形可以很好地帮助我们理解数据，因此图形化技术是必不可少的。大数据的发展让探索式可视化分析逐渐成为主流，而图形化技术的发展也随之进入一个新的阶段。

>>>>>>>>>>>>
1.2　数据可视化实施

1.2.1　数据可视化的基本流程和阶段

数据可视化的目的是满足用户对数据的价值期望，利用数据、借助可视化工具，还原和探索数据隐藏的价值，描述数据世界。

数据可视化应该以业务场景为起始点，以商业决策为终点。那么数据可视化应该先做什么后做什么呢？基于数据分析师的工作职责，我们总结了数据可视化的基本流程，如图 1-5 所示。

数据可视化的基本流程及其主要工作重点如下。

数据可视化实施

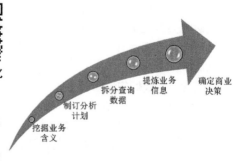

图 1-5　数据可视化的基本流程

> ➤ **挖掘业务含义**：理解数据可视化的业务场景是什么。
> ➤ **制订分析计划**：制订对业务场景进行可视化的计划。
> ➤ **拆分查询数据**：从分析计划中拆分出需要的数据集。
> ➤ **提炼业务信息**：从数据结果中提炼出有价值的业务信息。
> ➤ **确定商业决策**：根据提炼出的业务信息确定商业决策。

此外，我们还可以根据数据可视化对决策的影响将数据可视化分为以下4个阶段，如图1-6所示。

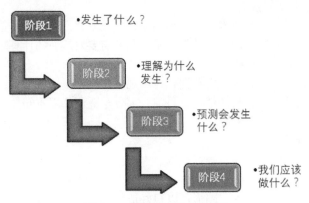

图 1-6　数据可视化的阶段

阶段 1：发生了什么？

首先，数据可视化可以告诉我们发生了什么。例如，某企业上周投放了新渠道A的广告，想要知道新渠道A与现有渠道B各自带来的客户流量、广告的转化效果等。这些都是基于数据本身提供的"发生了什么"。

阶段 2：理解为什么发生？

如果渠道A可以比其他渠道带来更多流量，这时就需要结合业务进一步判断这种现象产生的原因，根据客户的浏览记录数据进行深度的分析，也许是某个关键字带来的流量，或者是该渠道获取了更多移动端的用户等。

阶段 3：预测会发生什么？

当我们分析了渠道A和渠道B带来的客户流量高、低的原因后，就可以根据以往的数据预测未来可能会发生什么及其发生的概率。例如，在新的渠道C和渠道D投放广告时，预测C和D哪一个可能更好一些，以及发现它们在哪个节点比较容易出问题等。

阶段 4：我们应该做什么？

数据可视化过程中最有意义的工作之一是确定商业决策，即通过数据来预测未来我们应该做些什么，以及如何去做。只有当数据可视化的产出可以直接转换为决策时，才能体现出数据可视化的价值，否则数据可视化就失去意义。

1.2.2　数据可视化的设计原则

一般而言，数据可视化的核心作用是让用户在较短的时间内获取数据的整体信息和大部分细节信息，这些通过直接观察数据往往无法实现。但是如果设计者能够预测用户观察、使用的行为和期望，并以此指导数据可视化的设计过程，这样就有助于用户对视图的理解。

设计数据可视化时，需要遵循以下 8 个方面的设计原则，如图 1-7 所示。

1. 美学标准原则

视觉是人类获取信息较重要的通道，人脑对美的感知没有绝对统一的标准，但是有一定的规律可循。在设计数据可视化时要遵守美学标准原则，即稳定的构图、合理的信息布局、适宜的色彩情感等。

2. 效果精致原则

传统的数据可视化设计以各种图表组件为主，而优秀的数据可视化设计需要具有绚丽的视

图 1-7　数据可视化的设计原则

觉效果。通常，其需要具备以下特征：颜色搭配合适、信息承载丰富、动画效果逼真等。

3. 视图恰当原则

通过分析、挖掘数据，提炼数据中所隐藏的信息，然后根据叙述故事的要求，选择合适的视图类型，最后有层次、有顺序地使用一个或多个视图展示数据中包含的重要信息。

4. 信息合理原则

合理的信息展示有利于向用户清晰地叙述故事，信息不是越多越好。信息合理的基本评判标准是：筛选信息密度，使信息展示量恰到好处；区分信息主次，使信息显示主次分明。

5. 直观映射原则

数据可视化的核心是要让用户在较短的时间内获取数据所表达的信息，因此需要充分利用固有经验，选择合适数据到可视化元素的映射，从而提高可视化设计的可用性和功能性。

6. 视图交互原则

在数据可视化过程中，用户可以自动切换数据信息，以推进可视化的交互。在需要用户交互操作时，要保证操作的引导性与预见性；交互之后要有反馈，使整个可视化过程自然连贯。

7. 信息隐喻原则

在利用数据叙述故事时，将陌生的数据信息用可视化用户所熟悉的事物进行比较，可以降低可视化用户的理解门槛，加深对产品的印象，有助于增强可视化用户对故事的理解。

8. 巧用过渡原则

动画与过渡效果可以增加可视化结果视图的丰富性与可理解性，增强用户交互的反馈效果；还可以增强重点信息或者整体画面的表现力，吸引用户的关注，加深视图印象。

1.2.3　数据可视化的交互技术

数据可视化除了视觉呈现外，另一个核心要素是交互。交互是用户通过与系统之间的"对话"和互动来操作与理解数据的过程。交互的目的是让用户操作视图和数据，实现从系统输出到用户的信息量比用户输出到系统的要多。当数据量大、结构复杂时，有限的可视化空间会大大限制静态可视化的有效性。

在为可视化设计选择交互的时候，除了需要符合数据类别和所要完成的任务外，还要遵守一些普遍的准则。例如，确保交互延时（用户操作发生到系统返回结果所需要的时间）在用户可接受的范围内、有效地控制用户交互的成本以及交互过程中适度的场景变化等，这些准则对于交互的有效性起到至关重要的作用。

交互技术的类型形形色色，下面介绍 7 种常用的交互方法，如图 1-8 所示。

➤ 选择：标出感兴趣的数据对象。

➤ 导航：展示不一样的数据信息。

➤ 重配：展示不同的可视化配置。

➤ 编码：展示不同的视觉表现方法。

➤ 抽象：展示概况或更多细节。

➤ 过滤：根据条件展示部分数据。

➤ 关联：展示相关的数据信息。

图 1-8　数据可视化的交互方法

1.3　数据可视化图表

通常，在工作中，当我们分析需求和抽取数据时，选用合适的图表进行数据展示，可以清晰、有效地传达所要沟通的信息。因此，图表是"数据可视化"的常用且重要的策略，其中又以基本图表最为典型。基本图表可以分为对比型、趋势型、比例型、分布型等，下面逐一进行介绍，并使用 Excel 进行举例说明。

数据可视化
图表

1.3.1　对比型图表及案例

对比型图表一般用于比较几组数据的差异，这些差异通过标记等来区分，体现在视图中通常表现为高度差异、宽度差异、面积差异等。对比型图表包括柱形图、条形图、气泡图、雷达图等。

1. 柱形图

柱形图描述的是分类数据的数值大小，反映的是每一个分类中"有多少"的问题。例如，2019 年不同类型商品的订单量柱形图如图 1-9 所示。需要注意的是，当柱形图显示的分类很多时，会导致分类重叠等显示问题。

2. 条形图

条形图用于显示各项目之间的比较情况，分为垂直条形图和水平条形图，其中水平条形图的纵轴表示分类，横轴表示数值。它强调各个值之间的比较，不太关注时间的变化。例如，2019 年某企业各门店商品销售额分析条形图如图 1-10 所示。

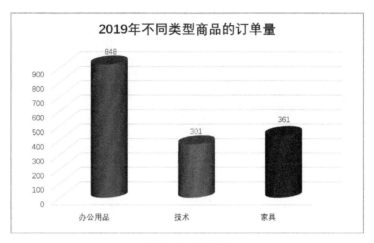

图 1-9　柱形图

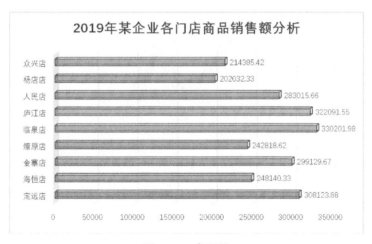

图 1-10　条形图

3. 气泡图

气泡图是散点图的变体，气泡的大小表示了数据的大小，通常用于比较和展示不同类别事物之间的关系。例如，2019 年各月技术类和办公类商品的订单量气泡图如图 1-11 所示，其中横轴表示月份，纵轴表示技术类商品的订单量，气泡表示办公类商品的订单量。

4. 雷达图

当我们拥有一组类别型数据、一组连续数值型数据时，为了对比数据大小情况，我们就可以使用雷达图。例如，2017—2019 年不同地区商品的订单量雷达图如图 1-12 所示。

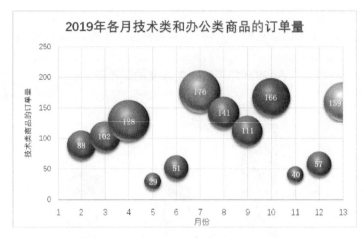

图 1-11　气泡图

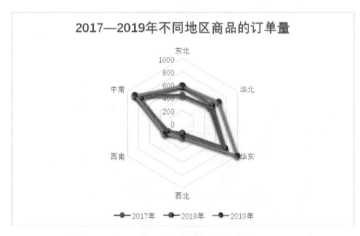

图 1-12　雷达图

1.3.2　趋势型图表及案例

趋势型图表用于反映数据随时间变化而变化的趋势，尤其适用于整体趋势比单个数据点更重要的场景，它包括折线图、面积图、曲面图等。

1. 折线图

折线图用于显示数据在连续的时间间隔或者跨度上的变化，它的特点是反映事物随时间或有序类别变化的趋势。例如，2014—2019 年某企业商品的订单量折线图如图 1-13 所示。

2. 面积图

面积图是折线图的另一种表现形式，其一般用于显示不同数据系列之间的对比关系，同时也显示单个数据系列与整体的比例关系，强调随时间变化的幅度。例如，2019 年各月商品销售额分析面积图如图 1-14 所示。

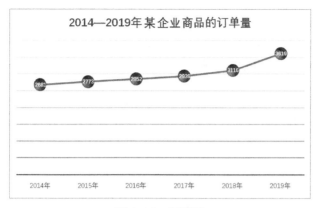

图 1-13　折线图

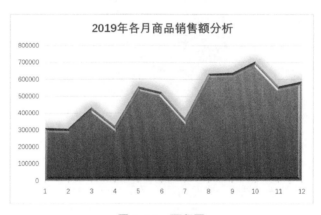

图 1-14　面积图

3. 曲面图

曲面图可以用于在曲面上显示两个或多个数据系列，实际上它是折线图和面积图的另一种表现形式，我们可以通过创建曲面图来实现两组数据之间的"最佳配合"。例如，2014—2019 年不同类型商品销售额分析曲面图如图 1-15 所示。

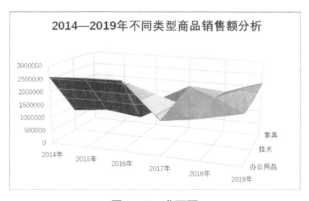

图 1-15　曲面图

1.3.3 比例型图表及案例

比例型图表用于展示每一部分占整体的百分比情况，至少有一个分类变量和数值变量，它包括饼图、环形图、旭日图等。

1. 饼图

饼图通过将一个"圆饼"按照分类的占比划分成若干个区块，整个圆饼表示数据的总量，每个圆弧区块表示各个分类所占的比例大小，所有区块占比的和等于100%。例如，2019年某企业各门店销售额占比分析饼图如图1-16所示。

图1-16　饼图

2. 环形图

环形图是一类特殊的饼图，它是由两个及两个以上大小不一的饼图叠加在一起，然后挖去中间部分所构成的图形。例如，2019年不同地区商品订单量占比分析环形图如图1-17所示。

图1-17　环形图

3. 旭日图

旭日图由多层的环形图组成，在数据结构上，内圈是外圈的父节点。因此，它既可以像饼图一样表现局部和整体的占比，又可以像树状图一样表现层级关系。例如，2014—2019 年不同类型商品销售额分析旭日图如图 1-18 所示。

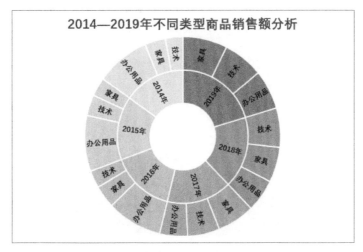

图 1-18 旭日图

1.3.4 分布型图表及案例

分布型图表用于研究数据的集中趋势、离散程度等描述性度量，用以反映数据的分布特征，它包括散点图、直方图、箱形图等。

1. 散点图

散点图将所有的数据以点的形式呈现在直角坐标系中，以显示变量之间的相互影响程度，点的位置由变量的数值决定。例如，2014—2019 年各季度销售额分析散点图如图 1-19 所示。

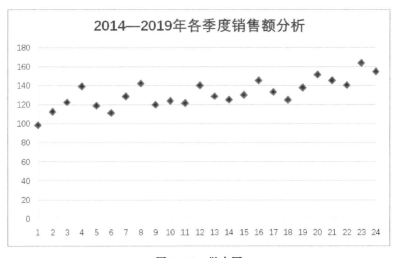

图 1-19 散点图

2. 直方图

直方图由一系列高度不等的柱状条块表示数据分布的情况，柱状条块之间基本没有间隔（若有间隔就是柱形图），一般用横轴表示数据类型，纵轴表示分布情况。例如，2019 年不同地区商品销售额分析直方图如图 1-20 所示。

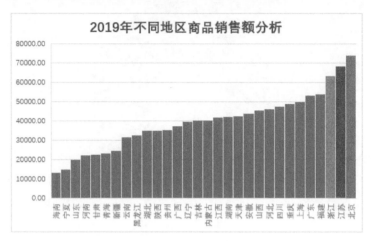

图 1-20　直方图

3. 箱形图

箱形图又称盒须图，它是一种显示数据分散情况的统计图，能显示数据的最大值、最小值、中位数及上下四分位数，因形状如箱子而得名。例如，2014—2019 年各地区销售额分析箱形图如图 1-21 所示。

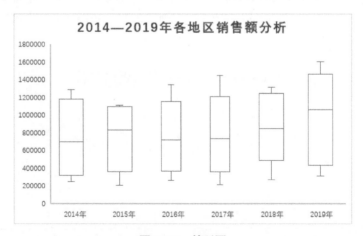

图 1-21　箱形图

1.3.5　其他类型图表及案例

除了以上 4 种类型的基本图表外，还有一些其他类型的图表，它们在日常可视化分析过程中也会经常用到，主要包括树状图、瀑布图、股价图等。

1．树状图

树状图在嵌套的矩形中显示数据，使用分类变量定义树状图的结构，使用数值变量定义各个矩形的大小或颜色。例如，2019 年不同省份商品利润额分析树状图如图 1-22 所示。

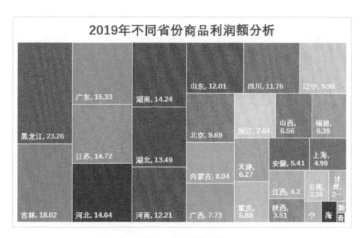

图 1-22　树状图

2．瀑布图

瀑布图形似瀑布，采用绝对值与相对值结合的方式显示数据，适用于表达多个特定数值之间的数量变化关系。当需要表达两个数据点之间数量的演变过程时，就可以使用瀑布图。例如，2019 年某企业各月新增员工数量瀑布图如图 1-23 所示。

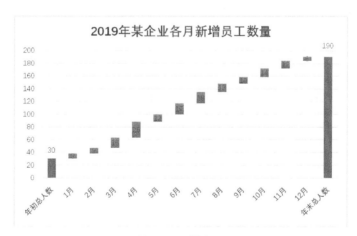

图 1-23　瀑布图

3．股价图

股价图用于显示股票价格的波动情况，在研究金融数据时经常被用到，其一般包括股票的开盘价、盘高价、盘低价、收盘价等信息。例如，2020 年 6 月某企业股票价格走势股价图如图 1-24 所示。

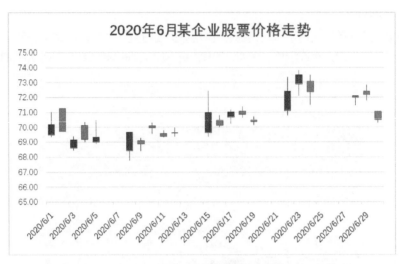

图 1-24　股价图

>>>>>>>>>>>>> **1.4　实践训练**

实践 1：使用"2019 年商品订单表 .xlsx"中的数据，利用 Excel 绘制图 1-25 所示 2019 年每个月商品订单量分析的条形图。

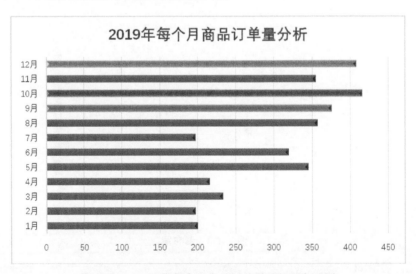

图 1-25　2019 年每个月商品订单量分析的条形图

实践 2：使用"2019 年商品订单表 .xlsx"中的数据，利用 Excel 绘制图 1-26 所示 2019 年每个月商品订单量分析的折线图。

图 1-26　2019 年每个月商品订单量分析的折线图

实践 3：使用"2019 年商品订单表 .xlsx"中的数据，利用 Excel 绘制图 1-27 所示 2019 年每个季度商品订单量分析的环形图。

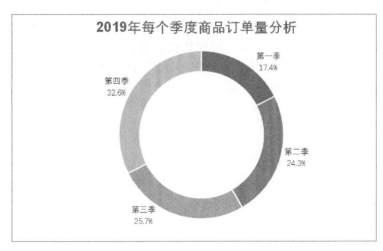

图 1-27　2019 年每个季度商品订单量分析的环形图

CHAPTER 02

第2章 Python 数据可视化库

> > > > > > > > > > > > ## 2.1　Matplotlib

2.1.1　Matplotlib 简介

Matplotlib 是比较基础的 Python 数据可视化库，它基于 NumPy
（Numerical Python）的数组运算，可视化功能非常强大，已经成为
Python 中较为基础的可视化工具。使用 Matplotlib 可以轻松地绘制一些
复杂的图形，例如几行代码即可生成折线图、直方图、条形图、散点图等。

Matplotlib

　　Python 数据可视化库众多，但是 Matplotlib 是非常基础的可视化库，
如果需要学习基于 Python 的数据可视化，那么可以先学习 Matplotlib，然后学习其
他库就会比较简单。

　　安装 Anaconda 后，会默认安装 Matplotlib 库，如果要单独安装它，可以通过
pip 命令实现，命令为"pip install matplotlib"。单独安装它的前提是首先需要安装
pip 包。

2.1.2　Matplotlib 参数配置

1. 线条的设置

　　在 Matplotlib 中，可以很方便地绘制各类图形。如果不在程序中设置参数，软
件会使用默认的参数，例如需要对输入的数据进行数据变换，并绘制曲线，代码如下。

```
# 导入绘图相关模块
import matplotlib.pyplot as plt
import numpy as np

# 生成数据
x=np.arange(0,30,1)
y1=3*np.sin(2*x)+2*x+1
y2=2*np.cos(2*x)+3*x+9

# 绘制图形
```

```
plt.plot(x,y1)
plt.plot(x,y2)

#输出图形
plt.show()
```

运行上述代码，生成的简单折线图如图 2-1 所示。

上述代码绘制的曲线比较单调，我们可以设置线的样式、颜色、线宽，以及添加点，并设置点的样式、颜色、大小等，优化后的代码如下。

```
# 导入绘图相关模块
import matplotlib.pyplot as plt
import numpy as np

#生成数据
x=np.arange(0,30,1)
y1=3*np.sin(2*x)+2*x+1
y2=2*np.cos(2*x)+3*x+9

#设置线的样式、颜色、线宽
plt.plot(x,y1,linestyle='-. ',color='red',linewidth=5.0)
# 添加点，设置点的样式、颜色、大小
plt.plot(x,y2,marker='*',color='green',markersize=10)

# 输出图形
plt.show()
```

运行上述代码，生成的调整后折线图如图 2-2 所示。

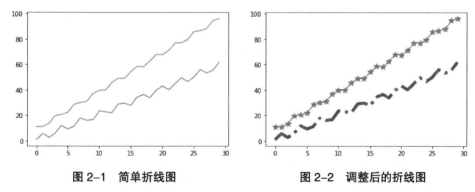

图 2-1　简单折线图　　　　　图 2-2　调整后的折线图

在 Matplotlib 中，可以通过设置线的颜色、标记、样式等参数美化图形，其中线的颜色参数说明如表 2-1 所示。

表 2-1　线的颜色参数说明

字符	说明	字符	说明
'b'	蓝色	'm'	品红色
'g'	绿色	'y'	黄色
'r'	红色	'k'	黑色
'c'	青色	'w'	白色

在图形中，可以为不同的线条添加不同的标记，以显示其区别。线的标记参数说明如表 2-2 所示。

表 2-2　线的标记参数说明

字符	说明
'.'	点标记
','	像素标记
'o'	圆圈标记
'v'	triangle_down 标记
'^'	triangle_up 标记
'<'	triangle_left 标记
'>'	triangle_right 标记
'1'	tri_down 标记
'2'	tri_up 标记
'3'	tri_left 标记
'4'	tri_right 标记
's'	方形标记
'*'	星形标记
'h'	hexagon1 标记
'H'	hexagon2 标记
'+'	加号标记
'x'	x 标记
'D'	钻石标记
'd'	thin_diamond 标记
'|'	垂直线标记
'_'	水平线标记

此外，还可以通过设置各条线的样式，突出显示线之间的差异。线的样式参数说明如表 2-3 所示。

表 2-3　线的样式参数说明

字符	说明
'-'	实线样式
'--'	短线样式
'-.'	短点相间线样式
':'	虚点线样式

2. 坐标轴的设置

Matplotlib 坐标轴的刻度设置，可以使用 plt.xlim() 和 plt.ylim() 函数，参数分别是坐标轴的最小值、最大值。例如设置横轴的刻度为 0 ~ 30，纵轴的刻度为 0 ~ 100，代码如下。

```
# 导入绘图相关模块
import matplotlib.pyplot as plt
import numpy as np
```

```
# 生成数据
x=np.arange(0,30,1)
y1=3*np.sin(2*x)+2*x+1
y2=2*np.cos(2*x)+3*x+9

# 设置线的样式、颜色、线宽
plt.plot(x,y1,linestyle='-.',color='red',linewidth=5.0)
# 添加点，设置点的样式、颜色、大小
plt.plot(x,y2,marker='*',color='green',markersize=10)

# 设置 x 轴的刻度
plt.xlim(0,30)

# 设置 y 轴的刻度
plt.ylim(0,100)

# 输出图形
plt.show()
```

运行上述代码，生成图 2-3 所示的图。图 2-3 与图 2-2 表达的内容是一样的，这是由于 Matplotlib 会默认以相对美观的方式展示数据。

在 Matplotlib 中，可以使用 plt.xlabel() 函数对坐标轴的标签进行设置，其中参数 xlabel 用于设置标签的内容，size 用于设置标签的大小，rotation 用于设置标签的旋转度，verticalalignment 用于设置标签的上、中、下位置（分别为 top、center 和 bottom）。

例如为横轴和纵轴分别添加标签 "Day" 和 "Amount"，以及设置标签的大小、旋转度、位置等，代码如下。

```
# 导入绘图相关模块
import numpy as np
import matplotlib.pyplot as plt

# 生成数据并绘图
x=np.arange(0,30,1)
y1=3*np.sin(2*x)+2*x+1
y2=2*np.cos(2*x)+3*x+9

# 设置线的样式、颜色、线宽
plt.plot(x,y1,linestyle='-. ',color='red',linewidth=5.0)
# 添加点，设置点的样式、颜色、大小
plt.plot(x,y2,marker='*',color='green',markersize=10)

# 给 x 轴加上标签
plt.xlabel('Day',size=16)

# 给 y 轴加上标签
plt.ylabel('Amount',size=16,rotation=90,verticalalignment='center')

# 设置 x 轴的刻度
plt.xlim(0,30)

# 设置 y 轴的刻度
plt.ylim(0,100)

# 输出图形
plt.show()
```

运行上述代码，生成图 2-4 所示的图。

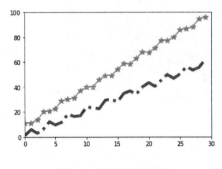

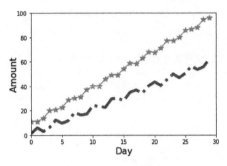

图 2-3　添加坐标刻度　　　　　　　图 2-4　添加坐标标签

在 Matplotlib 中，还可以导入 MultipleLocator 类，用于设置坐标轴刻度的间隔。例如要修改上述曲线，将横轴的刻度间隔调整为 2，纵轴的刻度间隔调整为 10，代码如下。

```python
# 导入绘图相关模块
import numpy as np
import matplotlib.pyplot as plt
# 从 Pyplot 导入 MultipleLocator 类，用于设置刻度间隔
from matplotlib.pyplot import MultipleLocator

# 生成数据并绘图
x=np.arange(0,30,1)
y1=3*np.sin(2*x)+2*x+1
y2=2*np.cos(2*x)+3*x+9

# 设置线的样式、颜色、线宽
plt.plot(x,y1,linestyle='-. ',color='red',linewidth=5.0)
# 添加点，设置点的样式、颜色、大小
plt.plot(x,y2,marker='*',color='green',markersize=10)

# 给 x 轴加上标签
plt.xlabel('Day',size=16)

# 给 y 轴加上标签
plt.ylabel('Amount',size=16,rotation=90,verticalalignment='center')

# 自定义坐标轴刻度
# 把 x 轴的刻度间隔设置为 2，并存在变量里
x_major_locator=MultipleLocator(2)
# 把 y 轴的刻度间隔设置为 10，并存在变量里
y_major_locator=MultipleLocator(10)

#ax 为两条坐标轴的实例
ax=plt.gca()

# 把 x 轴的主刻度设置为 2 的倍数
ax.xaxis.set_major_locator(x_major_locator)
# 把 y 轴的主刻度设置为 10 的倍数
```

```
ax.yaxis.set_major_locator(y_major_locator)

# 把 x 轴的刻度范围设置为 0 ~ 30
plt.xlim(0,30)
# 把 y 轴的刻度范围设置为 0 ~ 100
plt.ylim(0,100)

# 输出图形
plt.show()
```

运行上述代码，生成图 2-5 所示的图。

3. 图例的设置

图例是集中于图形一角或一侧，各种符号和颜色所代表的内容与指标的说明，它有助于我们更好地认识图形。

默认情况下，在 Matplotlib 中不带参数地调用 plt.legend( ) 函数会自动获取图例的相关标签，也可以对它进行自定义设置，如添加 "Sales" 和 "Profit" 图例，代码如下。

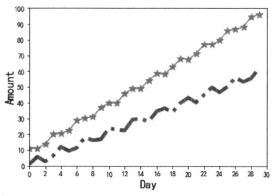

图 2-5　设置坐标轴间隔

```
# 导入绘图相关模块
import numpy as np
import matplotlib.pyplot as plt

# 生成数据并绘图
x=np.arange(0,30,1)
y1=3*np.sin(2*x)+2*x+1
y2=2*np.cos(2*x)+3*x+9

# 设置线的样式、颜色、线宽
plt.plot(x,y1,linestyle='-. ',color='red',linewidth=5.0,label='Sales')
# 添加点，设置点的样式、颜色、大小
plt.plot(x,y2,marker='*',color='green',markersize=10,label='Profit')

# 给 x 轴加上标签
plt.xlabel('Day',size=16)

# 给 y 轴加上标签
plt.ylabel('Amount',size=16,rotation=90,verticalalignment='center')

# 设置 x 轴的刻度
plt.xlim(0,30)
# 设置 y 轴的刻度
plt.ylim(0,100)
```

```
# 设置图例
plt.legend(labels=['Sales','Profit'],loc='upper left',fontsize=15)

# 输出图形
plt.show()
```

运行上述代码，生成图 2-6 所示的图。

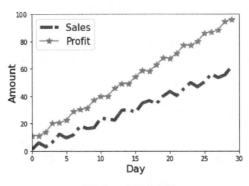

图 2-6　添加图例

Matplotlib 图例的主要参数配置如表 2-4 所示。

表 2-4　Matplotlib 图例的主要参数配置

参数	说明
loc	图例位置，如果使用了 bbox_to_anchor 参数，则该项无效
fontsize	设置字体大小
frameon	设置是否显示图例边框
ncol	图例的列数量，默认值为 1
title	为图例添加标题
shadow	设置是否为图例边框添加阴影
markerfirst	True 表示图例标签在句柄右侧，False 反之
markerscale	图例标记大小为原图标记中的多少倍
numpoints	表示图例中句柄上标记点的个数，一般设为 1
fancybox	设置是否将图例框的边角设为圆形
framealpha	控制图例框的透明度
borderpad	图例框内边距
labelspacing	图例中条目之间的距离
handlelength	图例句柄的长度
bbox_to_anchor	自定义图例位置

4. 其他绘图参数

在 Matplotlib 中，除了可以设置线条、坐标轴、图例外，还可以通过 plt.figure() 函数设置图形的大小，使用 plt.title() 函数为图表添加标题等。注意，Matplotlib 默认以英文文本显示图形元素，如果需要在图表中添加中文文本，则要在代码中添加

"plt.rcParams['font.sans-serif']=['SimHei'] "，否则中文文本会出现乱码。

接下来，我们整合上述 Matplotlib 的绘图参数，相对完整的数据可视化代码如下。

```python
# 导入绘图相关模块
import numpy as np
import matplotlib.pyplot as plt
from matplotlib.pyplot import MultipleLocator
plt.rcParams['font.sans-serif']=['SimHei']   # 设置中文字体

# 生成数据并绘图
x=np.arange(0,30,1)
y1=3*np.sin(2*x)+2*x+1
y2=2*np.cos(2*x)+3*x+9

# 设置图形大小
plt.figure(figsize=(11,7))

# 设置线的样式、颜色、线宽
plt.plot(x,y1,linestyle='-. ',color='red',linewidth=5.0)
# 添加点，设置点的样式、颜色、大小
plt.plot(x,y2,marker='*',color='green',markersize=10)

# 给 x 轴加上标签
plt.xlabel(' 日期 ',size=16)
# 给 y 轴加上标签
plt.ylabel(' 金额 ',size=16,rotation=90,verticalalignment='center')

# 自定义坐标轴刻度
x_major_locator=MultipleLocator(2)
y_major_locator=MultipleLocator(10)
ax=plt.gca()
ax.xaxis.set_major_locator(x_major_locator)
ax.yaxis.set_major_locator(y_major_locator)

# 设置刻度值的字体大小
plt.tick_params(labelsize=16)

# 设置 x 轴的刻度
plt.xlim(0,30)
# 设置 y 轴的刻度
plt.ylim(0,100)

# 设置图例
plt.legend(labels=[' 利润额 ', ' 销售额 '],loc='upper left',fontsize=15)

# 添加标题
plt.title('2020 年 9 月企业商品销售业绩分析 ',loc='center', size=20)

# 输出图形
plt.show()
```

运行上述代码，生成的完善后图如图 2-7 所示。

5. 绘图的主要函数

Matplotlib 中的 pyplot 模块提供一系列类似 MATLAB 函数的命令式函数，这些函数可以用于对图形对象做一些改动，例如新建一个图形对象、在图形中"开辟"绘图区、为曲线加上标签等。在 matplotlib.pyplot 中，大部分情况下可以跨函数调用共享。因此，绘图函数会跟踪当前图形对象和绘图区，直接作用于当前图形对象。

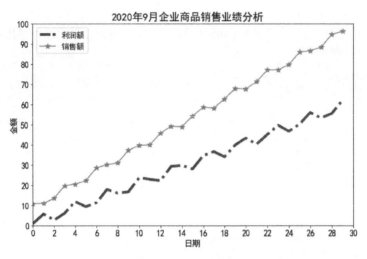

图2-7 完善后的图

Matplotlib 中的 pyplot（一般简写为 plt）基础图表函数如表 2-5 所示。

表 2-5 基础图表函数

函数	说明
plt. plot( )	绘制坐标图
plt. boxplot( )	绘制箱形图
plt. bar( )	绘制条形图
plt. barh( )	绘制横向条形图
plt. polar( )	绘制极坐标图
plt. pie( )	绘制饼图
plt. psd( )	绘制功率谱密度图
plt. specgram( )	绘制谱图
plt. cohere( )	绘制相关性函数
plt. scatter( )	绘制散点图
plt. step( )	绘制步阶图
plt. hist( )	绘制直方图
plt. contour( )	绘制等值图
plt. vlines( )	绘制垂直图
plt. stem( )	绘制柴火图
plt. plot_date( )	绘制数据日期图
plt. clabel( )	绘制轮廓图
plt. hist2d( )	绘制 2D 直方图
plt. quiverkey( )	绘制颤动图
plt. stackplot( )	绘制堆积面积图
plt. violinplot( )	绘制小提琴图

>>>>>>>>>>> **2.2　Pyecharts**

2.2.1　Pyecharts 简介

Pyecharts 是一个用于生成 Echarts 图表的类库，可以与 Python 进行对接，方便在 Python 中直接生成图形。Echarts 是百度开源的一个数据可视化 JS 库，它实现的可视化效果非常美观，凭借着良好的交互性、精巧的图表设计，得到了众多开发者的认可。

Pyecharts

Pyecharts 分为 v0.5.x 和 v1 两个大版本，v0.5.x 和 v1 间不兼容。v1 是全新的版本，新版本号从 v1.0.0 开始，这是向下不兼容的 Pyecharts 版本，类似于 Python 3 与 Python 2。不过如果开发者接触过低版本的 Pyecharts，那么新版本也是很容易上手的。

截至 2020 年 11 月份，Pyecharts 的最新版本为 1.9.0，它具有以下特点。

1. 全面拥抱 Python 3.6+

Pyecharts v1 停止对 Python 2.7、Python 3.4、Python 3.5 的支持和维护，仅支持 Python 3.6+。

2. 弃用插件机制

Pyecharts v1 废除原有的插件机制，如地图包插件和主题插件。因为插件的本质是提供 Pyecharts 运行所需要的静态资源文件，所以现在开放了两种模式提供静态资源文件：online 模式，使用官方提供的 assets host，或者部署自己的 remote host；local 模式，使用本地开启文件服务提供的 assets host。

3. 更加轻量级

新版本的 Pyecharts 只依赖了两个第三方库，即 jinja2 和 prettytable。这意味着 Pyecharts 总体的体积将变小、安装更加方便，也可以很方便地进行离线安装，配合 local 模式。

4. 支持原生 JavaScript

Pyecharts v0.5.x 版本对原生 JavaScript 的支持还很局限，Pyecharts v1 版本改变了这一局限，支持传入任意的 JavaScript 代码、任意的配置项回调函数。

5. 支持 JupyterLab

对 JupyterLab 的支持一直是很多开发者关心的功能，而 Pyecharts v1 开始支持在 JupyterLab 中渲染图表。

6. 代码风格重构

所有配置项均面向对象程序设计，新版本的 Pyecharts 配置项种类更多、可操作性更强，可以画出更丰富的图表。

7. 支持 Selenium/PhantomJS 渲染图片

Pyecharts v1 提供两种模式渲染图片，即 Selenium 和 PhantomJS，分别需要安装 snapshot-selenium 和 snapshot-phantomjs。

8. 新增更多的图表类型

新版本的 Pyecharts 新增了图表类型和组件类型，如旭日图、百度地图等。

Pyecharts 可以通过 render( ) 函数生成 HTML 文件，运行下面的代码可绘制商家 A 和商家 B 的商品销售数量条形图，并将结果保存为 HTML 文件。

```
from pyecharts.charts import Bar
from pyecharts import options as opts

bar=(
    Bar()
    .add_xaxis(["衬衫", "毛衣", "领带", "裤子", "风衣", "高跟鞋", "袜子"])
    .add_yaxis("商家 A", [114, 55, 27, 101, 125, 27, 105])
    .add_yaxis("商家 B", [57, 134, 137, 129, 145, 60, 49])
    .set_global_opts(title_opts=opts.TitleOpts(title="商家 A 和商家 B 9 月销售
    数量统计 ",title_textstyle_opts=opts.TextStyleOpts(font_size=20)),
        xaxis_opts=opts.AxisOpts(axislabel_opts=opts.LabelOpts(
        font_size=16)),
        yaxis_opts=opts.AxisOpts(axislabel_opts=opts.LabelOpts(
        font_size=16)),
            toolbox_opts=opts.ToolboxOpts(),
            egend_opts=opts.LegendOpts(is_show=True,item_width=40,
            item_height=20,textstyle_opts=opts.TextStyleOpts(font_size=16)))
    .set_series_opts(label_opts=opts.LabelOpts(font_size=16))
)

bar.render('sales.html')
```

生成的条形图如图 2-8 所示。

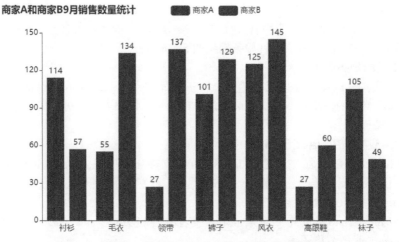

图 2-8　商家 A 和商家 B 的 9 月商品销售数量条形图

此外，在可视化分析过程中，Pyecharts 可以运行在 Jupyter Notebook 和 JupyterLab 环境中，两种环境下生成相同图表的代码存在一定的差异。

（1）Jupyter Notebook

在 Jupyter Notebook 环境中运行以下代码，生成的条形图也是如图 2-8 所示。

```
from pyecharts.charts import Bar
from pyecharts import options as opts

bar=(
    Bar()
```

```
        .add_xaxis(["衬衫", "毛衣", "领带", "裤子", "风衣", "高跟鞋", "袜子"])
        .add_yaxis("商家A", [114, 55, 27, 101, 125, 27, 105])
        .add_yaxis("商家B", [57, 134, 137, 129, 145, 60, 49])
        .set_global_opts(title_opts=opts.TitleOpts(title="商家A和商家B9月
销售数量统计",title_textstyle_opts=opts.TextStyleOpts(font_size=20)),
            xaxis_opts=opts.AxisOpts(axislabel_opts=opts.LabelOpts(
            font_size=16)),
            yaxis_opts=opts.AxisOpts(axislabel_opts=opts.LabelOpts(
            font_size=16)),
                toolbox_opts=opts.ToolboxOpts(),
                legend_opts=opts.LegendOpts(is_show=True,item_width=40,
                item_height=20,textstyle_opts=opts.TextStyleOpts(font_size=16)))
        .set_series_opts(label_opts=opts.LabelOpts(font_size=16))
)

bar.render_notebook()
```

（2）JupyterLab

在 JupyterLab 环境中运行以下代码，生成的条形图也是如图 2-8 所示。

```
# 声明 Notebook 类型，必须在引入 pyecharts.charts 等模块前声明
from pyecharts.globals import CurrentConfig, NotebookType
CurrentConfig.NOTEBOOK_TYPE=NotebookType.JUPYTER_LAB

from pyecharts.charts import Bar
from pyecharts import options as opts

bar=(
    Bar()
    .add_xaxis(["衬衫","毛衣","领带","裤子","风衣","高跟鞋","袜子"])
    .add_yaxis("商家A", [114,55,27,101,125,27,105])
    .add_yaxis("商家B", [57,134,137,129,145,60,49])
    .set_global_opts(title_opts=opts.TitleOpts(title="商家A和商家B9月
销售数量统计",title_textstyle_opts=opts.TextStyleOpts(font_size=20)),
        xaxis_opts=opts.AxisOpts(axislabel_opts=opts.LabelOpts(
        font_size=16)),
        yaxis_opts=opts.AxisOpts(axislabel_opts=opts.LabelOpts(
        font_size=16)),
            toolbox_opts=opts.ToolboxOpts(),
            legend_opts=opts.LegendOpts(is_show=True,item_width=40,
            item_height=20,textstyle_opts=opts.TextStyleOpts(font_size=16)))
        .set_series_opts(label_opts=opts.LabelOpts(font_size=16))
)

# 第一次渲染时调用 load_javascript 文件
bar.load_javascript()
bar.render_notebook()
```

2.2.2　Pyecharts 基本配置

Pyecharts 的基本元素配置项主要包括 InitOpts、ToolBoxFeatureOpts、ToolboxOpts、TitleOpts、DataZoomOpts、LegendOpts、VisualMapOpts、TooltipOpts 等。

1. InitOpts

InitOpts（初始化配置项）如表 2-6 所示。

表 2-6　初始化配置项

配置项	说明
width	图表画布宽度
height	图表画布高度
chart_id	图表 ID
renderer	渲染风格
page_title	网页标题
theme	图表主题
bg_color	图表背景颜色
js_host	远程主机

2. ToolBoxFeatureOpts

ToolBoxFeatureOpts（工具箱工具配置项）如表 2-7 所示。

表 2-7　工具箱工具配置项

配置项	说明
save_as_image	保存为图片
restore	配置项还原
data_view	数据视图工具，可以展现当前图表所用的数据
data_zoom	数据区域缩放，目前只支持直角坐标系的缩放

3. ToolboxOpts

ToolboxOpts（工具箱配置项）如表 2-8 所示。

表 2-8　工具箱配置项

配置项	说明
is_show	是否显示工具栏组件
orient	工具栏 icon 的布局朝向
pos_left	工具栏组件离容器左侧的距离
pos_right	工具栏组件离容器右侧的距离
pos_top	工具栏组件离容器上侧的距离
pos_bottom	工具栏组件离容器下侧的距离
feature	各工具配置项

4. TitleOpts

TitleOpts（标题配置项）如表 2-9 所示。

表 2-9　标题配置项

配置项	说明
title	主标题文本，支持使用 \n 换行
title_link	主标题跳转 URL（Uniform Resource Locator，统一资源定位符）链接
title_target	主标题跳转链接方式
subtitle	副标题文本，支持使用 \n 换行
subtitle_link	副标题跳转 URL 链接
subtitle_target	副标题跳转链接方式

续表

配置项	说明
pos_left	title 组件离容器左侧的距离
pos_right	title 组件离容器右侧的距离
pos_top	title 组件离容器上侧的距离
pos_bottom	title 组件离容器下侧的距离
title_textstyle_opts	主标题字体样式配置项
subtitle_textstyle_opts	副标题字体样式配置项

5. DataZoomOpts

DataZoomOpts（区域缩放配置项）如表 2-10 所示。

表 2-10　区域缩放配置项

配置项	说明
is_show	是否显示组件
type_	组件类型
is_realtime	拖曳时是否实时更新系列的视图
range_start	数据窗口范围的起始百分比
range_end	数据窗口范围的结束百分比
start_value	数据窗口范围的起始数值
end_value	数据窗口范围的结束数值
orient	布局方式是横向还是竖向
xaxis_index	设置 dataZoom-inside 组件控制的 x 轴
yaxis_index	设置 dataZoom-inside 组件控制的 y 轴
is_zoom_lock	是否锁定选择区域的大小
pos_left	dataZoom-slider 组件离容器左侧的距离
pos_top	dataZoom-slider 组件离容器上侧的距离
pos_right	dataZoom-slider 组件离容器右侧的距离
pos_bottom	dataZoom-slider 组件离容器下侧的距离

6. LegendOpts

LegendOpts（图例配置项）如表 2-11 所示。

表 2-11　图例配置项

配置项	说明
type_	图例的类型
selected_mode	图例选择的模式，控制是否可以通过单击图例改变系列的显示状态
is_show	是否显示图例组件
pos_left	图例组件离容器左侧的距离
pos_right	图例组件离容器右侧的距离
pos_top	图例组件离容器上侧的距离
pos_bottom	图例组件离容器下侧的距离

续表

配置项	说明
orient	图例列表的布局朝向
textstyle_opts	图例组件字体样式

7. VisualMapOpts

VisualMapOpts（视觉映射配置项）如表 2-12 所示。

表 2-12　视觉映射配置项

配置项	说明
type_	映射过渡类型
min_	指定 visualMap Piecewise 组件的最小值
max_	指定 visualMap Piecewise 组件的最大值
range_text	两端的文本
range_color	visualMap 组件过渡颜色
range_size	visualMap 组件过渡 symbol 大小
orient	如何放置 visualMap 组件，水平或竖直放置
pos_left	visualMap 组件离容器左侧的距离
pos_right	visualMap 组件离容器右侧的距离
pos_top	visualMap 组件离容器上侧的距离
pos_bottom	visualMap 组件离容器下侧的距离
split_number	对于连续型数据，自动平均切分成几段，默认设置为 5 段
dimension	组件映射维度
is_calculable	是否显示拖曳用的手柄
is_piecewise	是否为分段型
pieces	自定义每一段的范围，以及每一段的文字和样式
out_of_range	定义在选中范围外的视觉元素
textstyle_opts	文字样式配置项

8. TooltipOpts

TooltipOpts（提示框配置项）如表 2-13 所示。

表 2-13　提示框配置项

配置项	说明
is_show	是否显示提示框组件
trigger	触发类型
trigger_on	提示框触发的条件
axis_pointer_type	指示器类型
background_color	提示框浮层的背景颜色
border_color	提示框浮层的边框颜色
border_width	提示框浮层的边框宽度
textstyle_opts	文字样式配置项

>>>>>>>>>> 2.3　Seaborn

2.3.1　Seaborn 简介

Seaborn 同 Matplotlib 一样，也是 Python 进行数据可视化分析的重要第三方包。但 Seaborn 在 Matplotlib 的基础上进行了更高级的 API 封装，使得制图更加容易、图形更加漂亮。Seaborn 专攻统计可视化，可以与 Pandas 进行无缝链接，初学者更容易上手。相对于 Matplotlib，Seaborn 的语法更简洁，两者的关系类似于 NumPy 和 Pandas 之间的关系。但是需要注意的是，应该把 Seaborn 视为 Matplotlib 的补充，而不是替代物。

Seaborn

安装 Anaconda 后，会默认安装 Seaborn 库，但是如果要单独安装它，可以通过 "pip install seaborn" 命令实现，前提是首先要安装 pip 包。

Seaborn 库旨在以数据可视化为中心来挖掘与理解数据，它提供的面向数据集的制图函数主要是对行列索引和数组进行操作，包含对整个数据集进行内部的语义映射与统计整合，以此生成富于信息的图表。

2.3.2　Seaborn 绘图风格设置

在数据可视化的过程中，我们对图形的美观程度比较关心。因为绘图风格设置是一些通用性的操作，所以对于各种绘图方法都适用。Seaborn 有 5 种绘图风格，分别是 darkgrid、dark、whitegrid、white 和 ticks，默认的风格是 darkgrid，它们各自适合不同的应用和个人喜好，控制绘图风格的方法是 set_style( )。下面逐一介绍这 5 种绘图风格。

1. darkgrid 绘图风格

Seaborn 的 darkgrid 绘图风格，图形上有网格，它可以帮助我们定量地查找数据，并且灰色背景上的白色网格线可以防止网格线和数据线的冲突，绘制箱形图的代码如下，运行结果如图 2-9 所示。

```
import seaborn as sns
sns.set_style("darkgrid")
sns.set_context("notebook", font_scale=1.5, rc={"lines.linewidth": 2.5})
data=[[1.023312, 0.111484, 0.624475, 0.682342, 1.551981, 2.029264],
      [0.701567, 0.807321, 0.866991, 1.592059, 1.461618, 2.131652],
      [0.110403, 0.523769, 0.985059, 1.524016, 1.635007, 2.279868]]
sns.boxplot(data=data);
```

2. dark 绘图风格

Seaborn 的 dark 绘图风格可以使用 Seaborn 的 despine( ) 方法来删除图形上不必要的轴线，绘制箱形图的代码如下，运行结果如图 2-10 所示。

```
import seaborn as sns
sns.set_style("dark")
sns.set_context("notebook",font_scale=1.5,rc={"lines.linewidth":2.5})
data=[[1.023312,0.111484,0.624475,0.682342,1.551981,2.029264],
      [0.701567,0.807321,0.866991,1.592059,1.461618,2.131652],
      [0.110403,0.523769,0.985059,1.524016,1.635007,2.279868]]
sns.boxplot(data=data)
sns.despine();
```

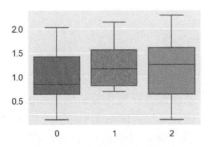
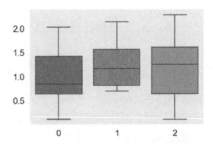

图 2-9 darkgrid 绘图风格   图 2-10 dark 绘图风格

3. whitegrid 绘图风格

Seaborn 的 whitegrid 绘图风格可以使用 Seaborn 的 despine( ) 方法默认删除图形上方和右方的轴线，绘制箱形图的代码如下，运行结果如图 2-11 所示。

```python
import seaborn as sns
sns.set_style("whitegrid")
sns.set_context("notebook",font_scale=1.5,rc={"lines.linewidth":2.5})
data=[[1.023312,0.111484,0.624475,0.682342,1.551981,2.029264],
      [0.701567,0.807321,0.866991,1.592059,1.461618,2.131652],
      [0.110403,0.523769,0.985059,1.524016,1.635007,2.279868]]
sns.boxplot(data=data)
sns.despine();      #默认删除图形上方和右方的轴线
```

4. white 绘图风格

Seaborn 的 white 绘图风格可以通过 despine( ) 控制图形上哪条轴线被删除，如使用 despine(left=True) 删除左方的轴线，绘制箱形图的代码如下，运行结果如图 2-12 所示。

```python
import seaborn as sns
sns.set_style("white")
sns.set_context("notebook",font_scale=1.5,rc={"lines.linewidth": 2.5})
data=[[1.023312,0.111484,0.624475,0.682342,1.551981,2.029264],
      [0.701567,0.807321,0.866991,1.592059,1.461618,2.131652],
      [0.110403,0.523769,0.985059,1.524016,1.635007,2.279868]]
sns.boxplot(data=data)
sns.despine(left=True);
```

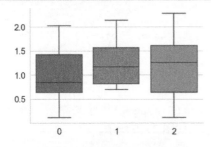
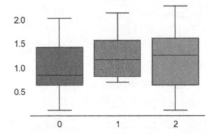

图 2-11 whitegrid 绘图风格   图 2-12 white 绘图风格

5. ticks 绘图风格

Seaborn 的 ticks 绘图风格可以在 y 轴上添加数值刻度，绘制箱形图的代码如下，运行结果如图 2-13 所示。

```
import seaborn as sns
sns.set_style("ticks")
sns.set_context("notebook", font_scale=1.5, rc={"lines.linewidth": 2.5})
data=[[1.023312, 0.111484, 0.624475, 0.682342, 1.551981, 2.029264],
      [0.701567, 0.807321, 0.866991, 1.592059, 1.461618, 2.131652],
      [0.110403, 0.523769, 0.985059, 1.524016, 1.635007, 2.279868]]
sns.boxplot(data=data)
sns.despine(left=True);
```

在绘图的过程中，来回切换风格很容易，也可以在 with 语句中使用 axes_style( ) 方法来临时设置绘图参数。绘制复合箱形图的程序如下，运行结果如图 2-14 所示。

```
import seaborn as sns
import matplotlib.pyplot as plt
sns.set_context("notebook",font_scale=1.2,rc={"lines.linewidth":2.5})
data=[[1.023312,0.111484,0.624475,0.682342,1.551981,2.029264],
      [0.701567,0.807321,0.866991,1.592059,1.461618,2.131652],
      [0.110403,0.523769,0.985059,1.524016,1.635007,2.279868]]
with sns.axes_style("ticks"):
    plt.subplot(211)
    sns.boxplot(data=data)
sns.set_style("dark")
plt.subplot(212)
sns.boxplot(data=data);
```

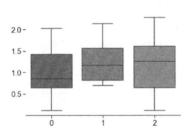

图 2-13　ticks 绘图风格

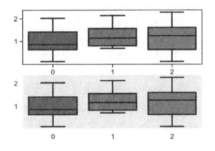

图 2-14　临时设置绘图参数的绘图风格

此外，如果需要定制 Seaborn 的绘图风格，可以将一个字典参数传递给 axes_style( ) 和 set_style( ) 的参数 rc，从而覆盖风格定义中的部分参数。可以调用以下方法，查看方法中的具体参数。

```
sns.axes_style()
```

调用后将会返回如下配置信息：

```
{'axes.facecolor':'#EAEAF2',
 'axes.edgecolor':'white',
 'axes.grid': True,
 'axes.axisbelow':True,
 'axes.labelcolor':'.15',
 'figure.facecolor':'white',
 'grid.color':'white',
 'grid.linestyle':'-',
 'text.color':'.15',
 'xtick.color':'.15',
 'ytick.color':'.15',
```

```
'xtick.direction':'out',
'ytick.direction':'out',
'lines.solid_capstyle':'round',
'patch.edgecolor':'w',
'image.cmap':'rocket',
'font.family':['sans-serif'],
'font.sans-serif':['Arial',
 'DejaVu Sans',
 'Liberation Sans',
 'Bitstream Vera Sans',
 'sans-serif'],
'patch.force_edgecolor':True,
'xtick.bottom':False,
'xtick.top':False,
'ytick.left':False,
'ytick.right':False,
'axes.spines.left':True,
'axes.spines.bottom':True,
'axes.spines.right':True,
'axes.spines.top':True}
```

我们可以自定义设置这些参数，例如对 axes.facecolor 进行设置（背景色设置），绘制箱形图的程序如下，运行结果如图 2-15 所示。

```
import seaborn as sns
sns.set_context("notebook",font_scale=1.5,rc={"lines.linewidth":2.5})
sns.set_style("white",{"axes.facecolor":'#FFFAFA'})
data=[[1.023312,0.111484,0.624475,0.682342,1.551981,2.029264],
      [0.701567,0.807321,0.866991,1.592059,1.461618,2.131652],
      [0.110403,0.523769,0.985059,1.524016,1.635007,2.279868]]
sns.boxplot(data=data);
```

此外，Seaborn 可以通过参数控制绘图元素的比例。Seaborn 有 4 种预置的环境，按从小到大排列分别为 paper、notebook、talk、poster，默认设置为 notebook。例如通过 set_context( ) 方法缩放坐标轴刻度字体的大小、线条的宽度等，绘制箱形图的程序如下，运行结果如图 2-16 所示。

```
import seaborn as sns
sns.set_style("white",{"axes.facecolor":'#FFFAFA'})
sns.set_context("notebook",font_scale=1.5,rc={"lines.linewidth":2.5})
data=[[1.023312,0.111484,0.624475,0.682342,1.551981,2.029264],
      [0.701567,0.807321,0.866991,1.592059,1.461618,2.131652],
      [0.110403,0.523769,0.985059,1.524016,1.635007,2.279868]]
sns.boxplot(data=data);
```

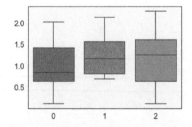

图 2-15　自定义设置参数的绘图风格

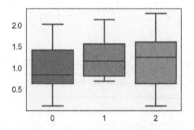

图 2-16　控制比例的绘图风格

>>>>>>>>>>>

2.4　Bokeh

2.4.1　Bokeh 简介

Bokeh 基于 JavaScript 实现数据的交互式可视化，它可以在 Web 浏览器中实现美观的视觉效果。但是它也有明显的缺点：一是版本时常更新，非常重要的是有时语法还不向下兼容；二是语法晦涩，与 Matplotlib 的语法相比较，可以说是有过之而无不及。

Bokeh

如果你已经安装了 Bokeh 所有的依赖包，例如 NumPy，那么也可以通过 pip 来安装 Bokeh，命令为 "pip install bokeh"。

1. Bokeh 面临的挑战

与任何开源库一样，Bokeh 正在经历不断的变化和发展。所以你今天写的代码可能将来并不能被再次完全使用。

与 D3.js 相比，Bokeh 的可视化选项相对较少。因此，短期内 Bokeh 无法挑战 D3.js 的 "霸主" 地位。

2. Bokeh 支持的文件输出方式

Bokeh 支持多种文件输出方式，较常用的是以下几种。

output_file：用于生成独立的 Bokeh 图表 HTML 文件。

output_notebook：用于在 Jupyter Notebook 上嵌入 Bokeh 图形。

output_server：用于在运行着的 Bokeh 服务器上安装 Bokeh 应用。

3. Bokeh 的重要概念

应用：Bokeh 应用指的是已经渲染过的文件，其结果一般运行在浏览器中。

BokehJS 文件：Bokeh 的 JavaScript 文件主要用于渲染图形和 UI 中的交互工具。一般用户不需要考虑 JavaScript 文件中的内容。

图表：静态图都可以由 Bokeh 提供的 bokeh.charts 高级接口来快速构建。

标志：标志是构建 Bokeh 图形的基础元素，如曲线、三角形、方形、楔形、图示等都属于标志。bokeh.plotting 接口提供了便捷的方法创建自定义标志。

模型：模型是 Bokeh 中较底层的类，模型的作用就是组成 Bokeh 应用的整个 "轮廓"。这些类在 bokeh.models 接口中。

Bokeh 服务器：Bokeh 服务器主要用于发布、分享 Bokeh 图形或应用，它的特点是可以处理大型流式数据集。

4. 使用 Bokeh 绘图的基本步骤

使用 Bokeh 绘图的步骤与使用其他库的基本类似，下面以绘制销售额的折线图为例进行介绍，代码如下。

```
# 导入图表绘制、图标展示模块
from bokeh.plotting import figure,show
# 导入 notebook 绘图模块
from bokeh.io import output_notebook
from bokeh.io import output_file,show
```

```
#notebook 绘图命令
output_file(" 折线图 .html")

# 创建图表，设置宽度、高度
p=figure(plot_width=900,plot_height=600)
# 绘制折线图
p.line([1,2,3,4,5,6,7,8,9,10,11,12],
       [270,287,293,276,315,339,297,357,376,316,325,308],
       legend_label=" 销售额 ",line_width=3)

# 设置 x 轴的标签及其大小
p.xaxis.axis_label=" 月份 "
p.xaxis.axis_label_text_font_size="30pt"
p.xaxis.major_label_text_font_size="20pt"

# 固定 x 轴的刻度
p.xaxis.ticker=[1,2,3,4,5,6,7,8,9,10,11,12]

# 设置 y 轴的标签及其大小
p.yaxis.axis_label=" 销售额 "
p.yaxis.axis_label_text_font_size="30pt"
p.yaxis.major_label_text_font_size="20pt"

# 设置图例字体大小
p.legend.label_text_font_size="30pt"

# 显示折线图
show(p);
```

运行上述代码，将会在当前目录下生成一个"折线图 .html"文件，并且会自动在浏览器中打开一个新页面，弹出刚刚绘制的折线图，如图 2-17 所示。

由上述绘制折线图的过程，可以看出用 bokeh.plotting 接口绘制图表的步骤如下：

➤ 准备可视化视图的数据，一般是列表类型；

➤ 指定输出，用 output_file( ) 函数指定输出文件名，例如"折线图 .html"；

➤ 调用 figure( ) 函数创建图表容器并指定整体参数，如 title、tools 和 axes labels；

➤ 将数据传入渲染函数（如 figure.line( ) 函数），并指定视觉参数，如 colors、legends；

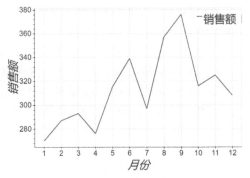

图 2-17　折线图

➤ 调用 show( ) 函数、save( ) 函数分别显示、保存可视化图形。

2.4.2　Bokeh 基本配置

Bokeh 可以很方便地实现自定义各类交互式视图，下面通过案例逐一介绍 Bokeh 中图形的基本设置（包括工具栏设置、颜色设置、边框设置、背景设置、外边界背景设置、轴线设置、网格设置、图例设置等）。

1. 工具栏设置

```python
# 导入相应的库
import pandas as pd
import numpy as np

# 生成绘图数据
df=pd.DataFrame(np.random.randn(100,2),columns=['A','B'])

# 创建图表，设置基本参数
p=figure(plot_width=600,plot_height=400,              # 图表宽度、高度
         tools='pan,box_zoom,save,reset,help',        # 设置工具栏，默认全部显示
         toolbar_location='above',          # 位置选项：above、below、left、right
         x_axis_label='A',y_axis_label='B',           #x,y 轴标签
         x_range=[-3,3],y_range=[-3,3]                 #x,y 轴范围
        )

# 设置坐标轴字体的大小
p.xaxis.axis_label_text_font_size="30pt"
p.xaxis.major_label_text_font_size="20pt"
p.yaxis.axis_label_text_font_size="30pt"
p.yaxis.major_label_text_font_size="20pt"

# 绘制散点图，这里 .circle()是 figure()的一个绘图方法
p.circle(df['A'],df['B'],size=20,alpha=0.5)
show(p);
```

运行上述代码，将会在浏览器中生成一个散点图，如图 2-18 所示。

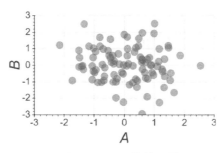

图 2-18　工具栏设置

2. 颜色设置

```python
# 导入相应的库
import pandas as pd
import numpy as np

# 生成绘图数据
df=pd.DataFrame(np.random.randn(100,2),columns=['A','B'])

# 绘制散点图
p=figure(plot_width=600,plot_height=400,x_axis_label='A',y_axis_label='B')
p.circle(df.index,df['A'],color='green',size=10,alpha=0.5)
p.circle(df.index,df['B'],color='#FF0000',size=10,alpha=0.5)
```

```
# 设置坐标轴字体的大小
p.xaxis.axis_label_text_font_size="30pt"
p.xaxis.major_label_text_font_size="20pt"
p.yaxis.axis_label_text_font_size="30pt"
p.yaxis.major_label_text_font_size="20pt"
```

```
show(p);
```

运行上述代码，将会在浏览器中生成一个带颜色的散点图，如图 2-19 所示。

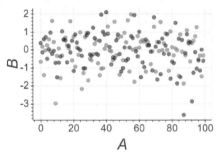

图 2-19　颜色设置

3. 边框设置

```
# 导入相应的库
import pandas as pd
import numpy as np

# 生成绘图数据
df=pd.DataFrame(np.random.randn(200,2),columns=['A','B'])

# 绘制散点图
p=figure(plot_width=600,plot_height=400,x_axis_label='A',y_axis_label='B')
p.circle(df.index,df['A'],color='green',size=10,alpha=0.5)
p.circle(df.index,df['B'],color='#FF0000',size=10,alpha=0.5)

# 设置坐标轴字体的大小
p.xaxis.axis_label_text_font_size="30pt"
p.xaxis.major_label_text_font_size="20pt"
p.yaxis.axis_label_text_font_size="30pt"
p.yaxis.major_label_text_font_size="20pt"

# 设置图表边框
p.outline_line_width=7              # 边框线宽度
p.outline_line_alpha=0.3            # 边框线透明度
p.outline_line_color="navy"         # 边框线颜色
p.outline_line_dash=[6,4]

show(p)
```

运行上述代码，将会在浏览器中生成一个带边框的散点图，如图 2-20 所示。

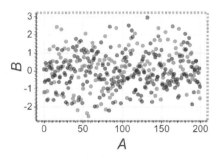

图 2-20 边框设置

4. 背景设置

```
# 导入相应的库
import pandas as pd
import numpy as np

# 生成绘图数据
df=pd.DataFrame(np.random.randn(200,2),columns=['A','B'])

# 绘制散点图
p=figure(plot_width=600,plot_height=400,x_axis_label='A',y_axis_label='B')
p.circle(df.index,df['A'],color='green',size=10,alpha=0.5)
p.circle(df.index,df['B'],color='#FF0000',size=10,alpha=0.5)

# 设置坐标轴字体的大小
p.xaxis.axis_label_text_font_size="30pt"
p.xaxis.major_label_text_font_size="20pt"
p.yaxis.axis_label_text_font_size="30pt"
p.yaxis.major_label_text_font_size="20pt"

# 背景设置参数
p.background_fill_color="beige"        # 绘图空间背景颜色
p.background_fill_alpha=0.5            # 绘图空间背景透明度

show(p);
```

运行上述代码,将会在浏览器中生成一个带图形背景的散点图,如图 2-21 所示。

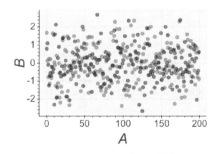

图 2-21 背景设置

5. 外边界背景设置

```
# 导入相应的库
import pandas as pd
```

```
import numpy as np

# 生成绘图数据
df=pd.DataFrame(np.random.randn(100,2),columns=['A','B'])

# 绘制散点图
p=figure(plot_width=600,plot_height=400,x_axis_label='A',y_axis_label='B')
p.circle(df.index,df['A'],color='green',size=10,alpha=0.5)
p.circle(df.index,df['B'],color='#FF0000',size=10,alpha=0.5)

# 设置坐标轴字体的大小
p.xaxis.axis_label_text_font_size="30pt"
p.xaxis.major_label_text_font_size="20pt"
p.yaxis.axis_label_text_font_size="30pt"
p.yaxis.major_label_text_font_size="20pt"

p.border_fill_color="whitesmoke"          # 外边界背景颜色
p.border_fill_alpha=0.5                    # 透明度
p.min_border_left=80                       # 外边界背景 - 左边宽度
p.min_border_right=80                      # 外边界背景 - 右边宽度
p.min_border_top=10                        # 外边界背景 - 上宽度
p.min_border_bottom=10                     # 外边界背景 - 下宽度

show(p);
```

运行上述代码，将会在浏览器中生成一个带外边界背景的散点图，如图2-22所示。

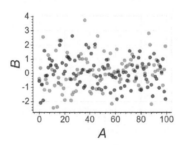

图 2-22 外边界背景设置

6. 轴线设置

```
# 导入相应的库
import pandas as pd
import numpy as np
from bokeh.plotting import figure,output_file,show

# 生成绘图数据
df=pd.DataFrame(np.random.randn(200,2),columns=['A','B'])

# 绘制图表
p=figure(plot_width=600,plot_height=400)
p.circle(df['A'],df['B'],size=10)

# 设置坐标轴字体的大小
p.xaxis.axis_label_text_font_size="30pt"
p.xaxis.major_label_text_font_size="20pt"
p.yaxis.axis_label_text_font_size="30pt"
p.yaxis.major_label_text_font_size="20pt"
```

```
# 设置 x 轴线：标签、线宽、轴线颜色
p.xaxis.axis_label="X 的数值 "
p.xaxis.axis_label_text_color="#aa6666"
p.xaxis.axis_label_standoff=5
p.xaxis.axis_line_width=3
p.xaxis.axis_line_color="red"
p.xaxis.axis_line_dash=[6, 4]       # 虚线、6 线 4 个格子

# 设置 y 轴线：标签、字体颜色、字体角度
p.yaxis.axis_label="Y 的数值 "
p.yaxis.axis_label_text_font_style="italic"
p.yaxis.major_label_text_color="orange"
p.yaxis.major_label_orientation="vertical"

# 设置刻度
p.axis.minor_tick_in=10     # 将刻度往绘图区域内延伸长度
p.axis.minor_tick_out=3     # 将刻度往绘图区域外延伸长度

# 设置轴线范围
p.xaxis.bounds=(-4,4)

show(p);
```

运行上述代码，将会在浏览器中生成一个带轴线的散点图，如图 2-23 所示。

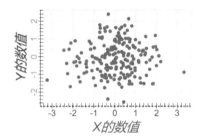

图 2-23　轴线设置

7. 网格设置

```
# 导入相应的库
import pandas as pd
import numpy as np
from bokeh.plotting import figure,output_file,show

# 生成绘图数据
df=pd.DataFrame(np.random.randn(200,2),columns=['A','B'])

# 绘制散点图
p=figure(plot_width=600,plot_height=400,x_axis_label='A',y_axis_label='B')
p.circle(df.index,df['A'],color='green',size=10,alpha=0.5)
p.circle(df.index,df['B'],color='#FF0000',size=10,alpha=0.5)

# 设置坐标轴字体的大小
p.xaxis.axis_label_text_font_size="30pt"
p.xaxis.major_label_text_font_size="20pt"
p.yaxis.axis_label_text_font_size="30pt"
p.yaxis.major_label_text_font_size="20pt"
```

```
# 设置颜色，为 None 时则不显示
p.xgrid.grid_line_color='red'

# 设置透明度，进行虚线设置，通过设置间隔来构成虚线
p.ygrid.grid_line_alpha=0.1
p.ygrid.grid_line_dash=[11,4]

# 设置次轴线
p.xgrid.minor_grid_line_color='navy'
p.xgrid.minor_grid_line_alpha=0.1

# 设置颜色填充及透明度
p.ygrid.band_fill_alpha=0.1
p.ygrid.band_fill_color="navy"

# 设置填充边界
p.grid.bounds=(-3,200)

show(p);
```

运行上述代码，将会在浏览器中生成一个带网格的散点图，如图 2-24 所示。

8. 图例设置

```
# 导入相应的库
import pandas as pd
import numpy as np
from bokeh.plotting import figure,output_file,show

# 创建图表
p=figure(plot_width=600,plot_height=400)

# 设置x、y
x=np.linspace(0,4*np.pi,200)
y=np.cos(x)

# 绘制线图1，设置图例名称
p.circle(x,y,legend="cos(x)")
p.line(x,y,legend="cos(x)")

# 绘制线图2，设置图例名称
p.line(x,2*y,legend="2*cos(x)",line_dash=[4,4],line_color="orange",
line_width=2)

# 绘制线图3，设置图例名称
p.square(x,3*y,legend="3*cos(x)",fill_color=None,line_color="green")
p.line(x,3*y,legend="3*cos(x)",line_color="green")

# 设置坐标轴字体的大小
p.xaxis.axis_label_text_font_size="30pt"
p.xaxis.major_label_text_font_size="20pt"
p.yaxis.axis_label_text_font_size="30pt"
p.yaxis.major_label_text_font_size="20pt"

# 设置图例位置
p.legend.location="bottom_left"
# 设置图例排列方向
p.legend.orientation="vertical"
```

```
# 设置图例：字体、样式、颜色、字体大小
p.legend.label_text_font="times"
p.legend.label_text_font_style="italic"
p.legend.label_text_color="navy"
p.legend.label_text_font_size='10pt'

# 设置图例外边线：宽度、颜色、透明度
p.legend.border_line_width=3
p.legend.border_line_color="navy"
p.legend.border_line_alpha=0.5

# 设置图例背景：颜色、透明度、大小
p.legend.background_fill_color="gray"
p.legend.background_fill_alpha=0.2
p.legend.label_text_font_size="15pt"

show(p);
```

运行上述代码，将会在浏览器中生成一个带图例的余弦函数图，如图 2-25 所示。

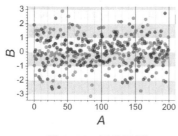

图 2-24 网格设置

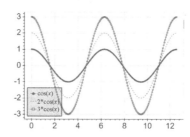

图 2-25 图例设置

>>>>>>>>>> # 2.5 HoloViews

2.5.1 HoloViews 简介

HoloViews 是面向数据分析和可视化的 Python 开源插件库，旨在使数据分析和可视化更加简便。它可以用很少的代码表达想要实现的分析，专注于探索和传递的内容，而不是结果，可以通过"pip install holoviews"命令进行安装。

HoloViews

HoloViews 在很大程度上依赖于语义注释，即声明的元数据，它使 HoloViews 可以解释数据所表示的内容，以及自动执行复杂的任务。HoloViews 3 种主要的语义注释如下。

1. 元素类型

用户可以从不同的 HoloViews 元素类型中选择合适的类型，例如有两个数字列表，可以通过选择曲线元素类型进行信息传递。此外，在有关 HoloViews 的选项中，可以通过设置 fontsize 参数来控制图形的字体大小，如图形的标题、轴标签、刻度和图例等的字体大小。

```
import holoviews as hv
from holoviews import dim, opts
hv.extension('bokeh','matplotlib')

xs=range(-10,11)
ys=[100-x**2 for x in xs]
curve=hv.Curve((xs,ys)).opts(fontsize={'title':20,'labels':16,
'xticks':13,'yticks':13})
curve
```

在 JupyterLab 中运行上述代码，生成的曲线如图 2-26 所示。每种元素类型都可以处理一定数量和类型的维度，例如，上述代码的曲线对象具有两个维度。这两个维度在语义上是不同的，其中 xs 是一组任意值，然后计算出对应的值来构成每个 ys。HoloViews 将这两种不同类型的变量称为键维和值维。不同的元素具有不同数量的键维和值维，例如一维曲线始终具有一个键维和一个值维。

2. 元素尺寸

由于在声明上述曲线时未明确指定元素尺寸，因此图 2-26 中的键维和值维使用默认名称 x 和 y。覆盖默认设置的元素尺寸名称的较简单方法是为其提供字符串，其中构造函数中的第 2 个参数为键维，第 3 个参数为值维，代码如下。

```
import holoviews as hv
from holoviews import dim,opts
hv.extension('bokeh','matplotlib')

xs=range(-10,11)
ys=[100-x**2 for x in xs]
trajectory=hv.Curve((xs,ys),'距离','高度').opts(fontsize={'title':20,
'labels':16,'xticks':13,'yticks':13})
trajectory
```

在 JupyterLab 中运行上述代码，生成的曲线如图 2-27 所示。

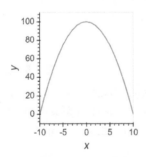

图 2-26　元素类型

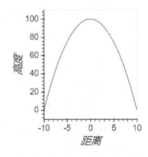

图 2-27　元素尺寸

3. 组和标签

HoloViews 可以构建包含多个元素类型的复杂视图，并提供可用于声明元素类别的组参数，以及可用于标识该元素在类别中的标签参数，代码如下。

```
import holoviews as hv
from holoviews import dim, opts
hv.extension('bokeh','matplotlib')
xs=range(-10,11)
ys=[100-x**2 for x in xs]
```

```
low_ys=[25-(0.5*el)**2 for el in xs]
shallow=hv.Curve((xs,low_ys),'距离','高度',label='平缓的抛物线').opts
    (fontsize={'title':20,'labels':16,'xticks':13,'yticks':13})
medium=hv.Curve((xs,ys),'距离','高度',label='陡峭的抛物线').opts
    (fontsize={'title':20,'labels':16,'xticks':13,'yticks':13})
shallow+medium
```

在 JupyterLab 中运行上述代码，生成的曲线如图 2-28 所示。

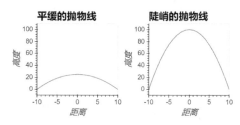

图 2-28　组和标签

2.5.2　HoloViews 参数配置

与 Matplotlib 和 Bokeh 等类似，HoloViews 允许自定义图形属性。下面详细介绍在 HoloViews 中如何自定义图形属性，如图形大小、图形背景、字体缩放、刻度范围、轴的位置、反转轴、轴的刻度等。

1. 图形大小

在 HoloViews 中，可以通过设置 width 和 height 参数来控制图形的大小，代码如下。

```
# 导入相关库
import holoviews as hv
from holoviews import dim, opts
hv.extension('bokeh','matplotlib')

# 读取数据
household=[19.27,18.62,18.97,21.08,21.73,20.57,21.64,17.58,19.42,21.39,
          19.53,18.63]

# 绘制图形
hv.Curve(household,label='Title').opts(width=400,height=400,title="图形
大小",fontsize={'title':20,'labels':16,'xticks':13,'yticks':13})
```

在 JupyterLab 中运行上述代码，生成图 2-29 所示的图。

2. 图形背景

在 HoloViews 中，可以通过设置 bgcolor 参数来控制图形的背景颜色，代码如下。

```
# 导入相关库
import holoviews as hv
from holoviews import dim, opts
hv.extension('bokeh','matplotlib')

# 读取数据
household=[19.27,18.62,18.97,21.08,21.73,20.57,21.64,17.58,19.42,
          21.39,19.53,18.63]

# 绘制图形
hv.Curve(household).opts(width=400,height=400,bgcolor='lightgray',
title="图形背景").opts(fontsize={'title':20,'labels':16,'xticks':13,'yticks':13})
```

在 JupyterLab 中运行上述代码，生成图 2-30 所示的图。

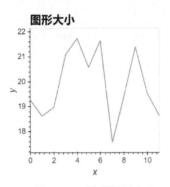

图 2-29　设置图形大小

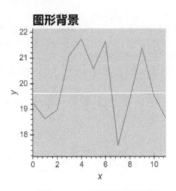

图 2-30　设置图形背景

3. 字体缩放

在 HoloViews 中，可以通过设置 fontscale 参数来控制图形中文本的字体缩放，代码如下。

```
# 导入相关库
import holoviews as hv
from holoviews import dim,opts
hv.extension('bokeh','matplotlib')

# 读取数据
household=[19.27,18.62,18.97,21.08,21.73,20.57,21.64,17.58,19.42,
          21.39,19.53,18.63]
office=[29.46,21.16,11.46,19.47,22.79,17.01,11.61,24.59,13.91,13.18,
       21.16,20.33]

# 绘制图形
(hv.Curve(household,label=' 家庭用品 ')*hv.Curve(office,label=' 办公用品 ')).
opts(fontscale=1.2,width=400,height=400,title=' 字体缩放 ',fontsize={'title':20,
'labels':16,'xticks':13,'yticks':13})
```

在 JupyterLab 中运行上述代码，生成图 2-31 所示的图。

4. 刻度范围

在 HoloViews 中，可以使用 xlim 和 ylim 参数对图形进行填充或显式覆盖，例如设置 x 轴的范围为 $0 \sim 11$，y 轴的范围为 $15 \sim 25$，代码如下。

```
# 导入相关库
import holoviews as hv
from holoviews import dim,opts
hv.extension('bokeh','matplotlib')

# 读取数据
household=[19.27,18.62,18.97,21.08,21.73,20.57,21.64,17.58,19.42,
          21.39,19.53,18.63]

# 绘制图形
curve=hv.Curve(household,('x','x'),('y',' 家庭用品 '))
curve.relabel(' 刻度范围 ').opts(xlim=(0,11),ylim=(15,25),width=400,height=
400,fontsize={'title':20,'labels':16,'xticks':13,'yticks':13})
```

在 JupyterLab 中运行上述代码，生成图 2-32 所示的图。

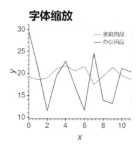

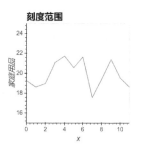

图 2-31　设置字体缩放　　　　　　　　图 2-32　设置刻度范围

5. 轴的位置

在 HoloViews 中，可以通过设置 xaxis 和 yaxis 参数将轴隐藏或移动到其他位置，参数类型可为 None、right、left、bottom、top 和 bare 等，代码如下。

```
# 导入相关库
import holoviews as hv
from holoviews import dim,opts
hv.extension('bokeh','matplotlib')

# 读取数据
household=[19.27,18.62,18.97,21.08,21.73,20.57,21.64,17.58,19.42,
          21.39,19.53,18.63]

# 绘制图形
curve=hv.Curve(household,('x','x'),('y','家 庭 用 品 ')).opts(fontsize={
'title':20,'labels':16,'xticks':13,'yticks':13})
   (curve.relabel(' 没 有 坐 标 轴 ').opts(width=300,height=400,xaxis=None,yaxis=
None)+curve.relabel(' 没 有 X 坐 标 轴 ').opts(width=300,height=400,xaxis='bare')+
   curve.relabel(' 移 动 Y 坐 标 轴 ').opts(width=300,height=400,xaxis='bottom',
yaxis='right'))
```

在 JupyterLab 中运行上述代码，生成图 2-33 所示的图。

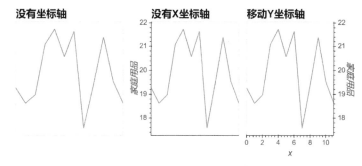

图 2-33　设置轴的位置

6. 反转轴

在 HoloViews 中，控制轴的另一种方法是使用 invert_axes 参数反转轴，即将垂直图转换为水平图。其次，可以使用 invert_xaxis 和 invert_yaxis 参数分别将单独的轴左右翻转或上下翻转，代码如下。

```
# 导入相关库
import holoviews as hv
from holoviews import dim,opts
hv.extension('bokeh','matplotlib')

# 绘制图形
bars=hv.Bars([(' 消费者 ',181.56),(' 小型企业 ',146.81),(' 公司 ',103.96)],' 客户
类型 ').opts(fontsize={'title':20,'labels':16,'xticks':13,'yticks':13})

(bars.relabel(' 反转 X、Y 轴 ').opts(invert_axes=True,width=300,height=400)+
 bars.relabel(' 反转 X 轴 ').opts(invert_xaxis=True,width=300,height=400)+
 bars.relabel(' 反转 Y 轴 ').opts(invert_yaxis=True,width=300,height=400))
 .opts(shared_axes=False)
```

在 JupyterLab 中运行上述代码，生成图 2-34 所示的图。

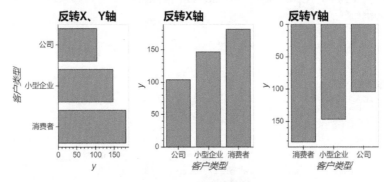

图 2-34　设置反转轴

7. 轴的刻度

在 HoloViews 中，可以使用 xticks 和 yticks 参数对坐标轴进行美化，例如显示特定的刻度列表、用特定的文本显示数值等，代码如下。

```
# 导入相关库
import holoviews as hv
from holoviews import dim,opts
hv.extension('bokeh','matplotlib')

# 读取数据
household=[19.27,18.62,18.97,21.08,21.73,20.57,21.64,17.58,19.42,
          21.39,19.53,18.63]

# 绘制图形
curve=hv.Curve(household,('x','x'),('y',' 家庭用品 ')).opts(fontsize={
'title':20,'labels':16,'xticks':13,'yticks':13})
 (curve.relabel(' 普通刻度线 ').opts(xticks=5,width=300,height=400)+
  curve.relabel(' 刻度线列表 ').opts(xticks=[0,5,9],width=300,height=400)+
  curve.relabel(" 刻度线标签 ").opts(xticks=[(0,'zero'),(5,' 江苏 '),(9,' 重
庆 ')],width=300,height=400))
```

在 JupyterLab 中运行上述代码，生成图 2-35 所示的图。

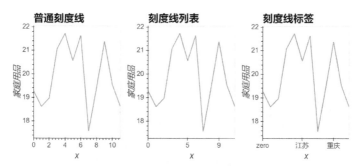

图 2-35 设置轴的刻度

>>>>>>>>>>>> # 2.6 Plotly

2.6.1 Plotly 简介

Plotly 是 Python 的一个在线可视化交互库，优点是能实现 Web 在线交互，功能非常强大，可以用于在线绘制条形图、饼图、散点图、箱形图、时间序列图等多种图形，这些图形能媲美用 Tableau 绘制的高质量图形。Plotly 支持 Python、JavaScript、MATLAB 和 R 等多种语言的 API。

Plotly

Plotly 生成的所有图表实际上都是 JavaScript 产生的，无论是在浏览器还是在 Jupyter 中，都是基于 plotly.js 的。它是一个高级的声明性图表库，提供多种图表，包含 3D 图表、统计图等。

2019 年，Plotly 团队发布了 Plotly.py 4.0，此版本在默认情况下开启"离线"模式，Plotly Express 作为库中的推荐入口点以及新的渲染框架，不仅兼容 Jupyter，还兼容其他 Notebook 系统，例如 COLAB、Azure、PyCharm、Spyder 等流行的集成开发环境。

Plotly 可以"在线"和"离线"创建图形。在"在线"模式下，数据被上传到 Plotly 的 Chart Studio 服务的实例中，再进行可视化，目前对"在线"模式的支持已经转移到 chart-studio 软件包中；而在"离线"模式下，Plotly 不需要互联网连接，没有身份验证令牌，数据在本地呈现。

2.6.2 Plotly 主要图形

Plotly 可以用于绘制多种图形，下面逐一介绍其主要图形。

1. 柱形图

```
import plotly.offline as py
import plotly.graph_objs as go

# 绘制图形
trace1=go.Bar(x=['4月份','5月份','6月份'],y=[25,13,19],name=' 企业 ')
trace2=go.Bar(x=['4月份','5月份','6月份'],y=[21,13,16],name=' 公司 ')
```

```
trace3=go.Bar(x=['4月份','5月份','6月份'],y=[12,24,16],name='消费者')
data=[trace1,trace2,trace3]
layout=go.Layout(barmode='group')
fig=go.Figure(data=data,layout=layout)

# 美化图形元素
fig.update_layout(
  xaxis_title="月份",                        # x 轴标题文本
  yaxis_title="销售额",                      # y 轴标题文本
  legend_title="客户类型",                   # 图例标题文本
  width=700,height=500,                      # 设置图像的大小
  title=dict(
    text="2020年第二季度企业销售业绩分析",
    x=0.5,
    xanchor='center',
    xref='paper'
  ),
  font=dict(
    family="Courier New,monospace",          # 标题文字的字体
    size=18,                                  # 标题文字的大小
    color="RebeccaPurple"                     # 标题的颜色
  ),
  xaxis_title_font_family='Times New Roman',  # 额外设置 x 轴标题的字体
  yaxis_title_font_color='red'                # 额外将 y 轴的字体设置为红色
)

# 输出图形结果
py.plot(fig,filename='条形图.html')
```

在 JupyterLab 中运行上述代码，生成的条形图如图 2-36 所示。

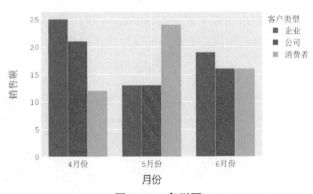

图 2-36　条形图

2. 饼图

```
# 导入相关库
import plotly.offline as py
import plotly.graph_objects as go

store=['定远店','东海店','海恒店','金寨店','燎原店','临泉店','庐江店',
    '明耀店','众兴店']
consumer=[30,22,20,28,16,30,24,18,12]
```

```
fig=go.Figure(data=[go.Pie(labels=store,values=consumer,textinfo='label+
percent',insidetextorientation='radial')])

# 美化图形元素
fig.update_layout(
    legend_title=" 客户类型 ",            # 图例标题文本
    width=700,height=500,                 # 设置图的大小
    title=dict(
        text="2020 年第二季度各门店销售业绩分析 ",
        x=0.5,
        xanchor='center',
        xref='paper'
    ),
    font=dict(
        family="Courier New,monospace",   # 标题文字的字体
        size=18,                          # 标题文字的大小
        color="RebeccaPurple"             # 标题文字的颜色
    ),
)

# 输出图形结果
py.plot(fig,filename=' 饼图 .html')
```

在 JupyterLab 中运行上述代码，生成的饼图如图 2-37 所示。

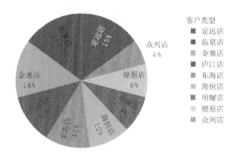

图 2-37　饼图

3. 散点图

```
# 导入相关库
import numpy as np
import plotly.offline as py
import plotly.graph_objs as go

# 读取数据
store=[' 定远店 ',' 东海店 ',' 海恒店 ',' 金寨店 ',' 燎原店 ',' 临泉店 ',' 庐江店 ',
       ' 明耀店 ',' 众兴店 ']
sales=[12,13,14,16,18,19,21,24,25]
profit=[2.6,2.1,3.1,2.2,2.4,2.5,2.1,2.9,3.5]

# 绘制图形
colors=np.random.rand(len(store))
```

```
fig=go.Figure()
fig.add_scatter(x=sales,y=profit,mode='markers',marker={'size': sales,'color':
colors,'opacity': 0.9,'colorscale': 'Viridis','showscale': True})

# 美化图形元素
fig.update_layout(
    xaxis_title=" 销售额 ",          # x 轴标题文本
    yaxis_title=" 利润额 ",          # y 轴标题文本
    width=700,height=500,           # 设置图的大小
    title=dict(
        text="2020 年第二季度各门店销售额与利润额分析 ",
        x=0.5,
        xanchor='center',
        xref='paper'
    ),
    font=dict(
        family="Courier New,monospace",   # 标题文字的字体
        size=18,                          # 标题文字的大小
        color="RebeccaPurple"             # 标题文字的颜色
    ),
    xaxis_title_font_family='Times New Roman', # 额外设置 x 轴标题的字体
    yaxis_title_font_color='red'               # 额外将 y 轴的字体设置为红色
)

# 输出图形结果
py.plot(fig,filename=' 散点图 .html')
```

在 JupyterLab 中运行上述代码，生成的散点图如图 2-38 所示。

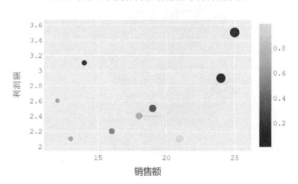

2020年第二季度各门店销售额与利润额分析

图 2-38　散点图

4. 箱形图

```
# 导入相关库
import plotly.graph_objects as go

# 绘制图形
y=[' 第一季度 ',' 第一季度 ',' 第一季度 ',' 第一季度 ',' 第一季度 ',' 第一季度 ',
    ' 第二季度 ',' 第二季度 ',' 第二季度 ',' 第二季度 ',' 第二季度 ',' 第二季度 ']
fig=go.Figure()
fig.add_trace(go.Box(
    x=[23,22,26,10,15,14,22,27,19,11,15,23],
    y=y,
```

```
     name=' 公司 ',
     marker_color='#3D9970'
))
fig.add_trace(go.Box(
   x=[26,27,23,16,10,15,17,19,25,18,17,22],
   y=y,
   name=' 消费者 ',
   marker_color='#FF4136'
))
fig.add_trace(go.Box(
   x=[11,23,21,19,16,26,19,20,11,16,18,25],
   y=y,
   name=' 小型企业 ',
   marker_color='#FF851B'
))

fig.update_traces(orientation='h')

# 美化图形元素
fig.update_layout(
   boxmode='group',
   legend_title=" 客户类型 ",        # 图例标题文本
   width=700,height=500,           # 设置图的大小
   title=dict(
       text="2020 年上半年不同客户的订单量分析 ",
       x=0.5,
       xanchor='center',
       xref='paper'),
   font=dict(
       family="Courier New,monospace", # 标题文字的字体
       size=18,                        # 标题文字的大小
       color="RebeccaPurple"           # 标题文字的颜色
   ),
   xaxis_title_font_family='Times New Roman',  # 额外设置 x 轴标题的字体
   yaxis_title_font_color='red'                # 额外将 y 轴标题的字体设置为红色
)

# 输出图形结果
py.plot(fig,filename=' 箱形图 .html')
```

在 JupyterLab 中运行上述代码，生成的箱形图如图 2-39 所示。

2020年上半年不同客户的订单量分析

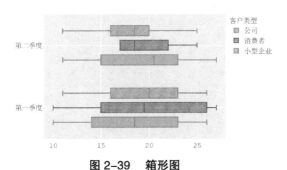

图 2-39　箱形图

5. 时间序列图

```
# 导入相关库
import plotly.express as px
import pandas as pd
df=pd.read_csv('D:/Python 数据可视化（微课版）/ch02/stocks.csv')

fig=px.line(df,x='Date',y='Close',range_x=['2015/1/1','2019/12/31'])
```

```
# 美化图形元素
fig.update_layout(
    xaxis_title=" 日期 ",                    # x 轴标题文本
    yaxis_title=" 收盘价 ",                  # y 轴标题文本
    width=700,height=400,                    # 设置图的大小
    title=dict(
        text=" 近 5 年企业股票收盘价走势 ",
        x=0.5,
        xanchor='center',
        xref='paper'
    ),
    font=dict(
        family="Courier New,monospace",      # 标题文字的字体
        size=18,                             # 标题文字的大小
        color="RebeccaPurple"                # 标题文字的颜色
    ),
    xaxis_title_font_family='Times New Roman',   # 额外设置 x 轴标题的字体
    yaxis_title_font_color='red'                 # 额外将 y 轴的字体设置为红色
)
```

```
# 输出图形结果
py.plot(fig,filename=' 时间序列图 .html')
```

在 JupyterLab 中运行上述代码，生成的时间序列图如图 2-40 所示。

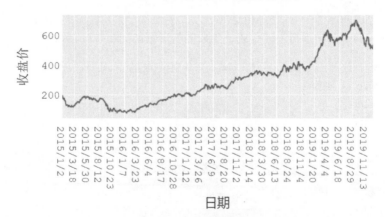

图 2-40　时间序列图

2.7 NetworkX

2.7.1 NetworkX 简介

NetworkX 是 Python 中用于创建和操作复杂网络的库，可以用于产生多种类型的随机网络和经典网络，也可以用于分析网络结构、建立网络模型、设计新的网络算法、绘制网络图等。安装 pip 包后，只需要运行 "pip install networkx" 命令即可进行 NetworkX 的安装。

NetworkX

NetworkX 提供了在绘制网络图时布局的功能，即可以指定节点排列的形式，这些布局包括 circular_layout、random_layout、shell_layout、spring_layout 和 spectral_layout 等类型。

在 NetworkX 库中，图的类型有以下 4 种。

（1）Graph 类是无向图的基类，无向图能有自己的属性或参数，不包含重边，节点可以是任意的 Python 对象，节点和边可以用于保存键 / 值（key/value）属性对。该类的构造函数为 Graph(data=None,**attr)，其中 data 可以是边列表或任意一个 NetworkX 的图对象，默认值为 None；attr 是关键字参数，例如 "key=value" 形式的属性。

（2）MultiGraph 类可以生成有重边的无向图，其他特点与 Graph 类的类似，其构造函数是 MultiGraph(data=None, *attr)。

（3）DiGraph 类是有向图的基类，该类的构造函数是 DiGraph(data=None, **attr)，其中 data 可以是边列表或任意一个 NetworkX 的图对象，默认值为 None；attr 是关键字参数。

（4）MultiDiGraph 类可以生成有重边的有向图，其他特点与 DiGraph 类的类似，其构造函数是 MultiDiGraph(data=None, *attr)。

2.7.2 NetworkX 参数配置

在 NetworkX 中，顶点是任何可散列的对象，例如文本、图片、XML 对象、其他的图对象、任意定制的节点对象等，NetworkX 的画图参数如表 2-14 所示。

表 2-14　NetworkX 的画图参数

参数	说明
node_size	指定节点的尺寸大小（默认值为 300）
node_color	指定节点的颜色（默认设置为红色，可以用字符串简单标识颜色）
node_shape	指定节点的形状（默认设置为圆形，用字符串 'o' 标识，具体可查看相关手册）
alpha	透明度（默认值为 1，1 表示不透明，0 表示完全透明）
width	边的宽度（默认值为 1.0）
edge_color	边的颜色（默认设置为黑色）
style	边的样式（默认设置为实线）
with_labels	节点是否带标签（默认设置为 True）
font_size	节点标签字体大小（默认值为 12）
font_color	节点标签字体颜色（默认设置为黑色）

在可视化分析之前，首先需要通过 pip 命令安装 NetworkX 包，否则程序会报缺少该包的错误。例如，绘制客户商品分享的网络关系图，代码如下。

```python
# 导入相关库
import networkx as nx
from matplotlib import pyplot as plt
plt.rcParams['font.sans-serif']=['SimHei']

# 定义 Graph
nodes=['A','B','C','D','E','F']
edges=[('A','C'),('A','B'),('A','E'),('B','E'),('B','F'),('C','F'),
        ('C','E'),('D','F')]

plt.figure(figsize=(11,7))
G=nx.DiGraph()
G.add_nodes_from(nodes)
G.add_edges_from(edges)

# 设置节点布局
pos=nx.shell_layout(G)

# 绘制网络关系图
plt.title(' 客户商品分享的网络关系图 ',size=20)
nx.draw_networkx_nodes(G,pos,cmap=plt.get_cmap('jet'),
                        node_color ='GoldEnrod',node_size=900)
nx.draw_networkx_labels(G,pos,font_size=16)
nx.draw_networkx_edges(G,pos,arrows=True)
plt.axis('off')
plt.show()
```

在 JupyterLab 中运行上述代码，生成的网络关系图如图 2-41 所示。

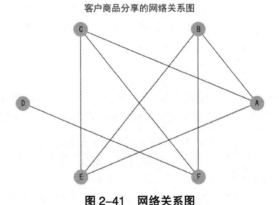

客户商品分享的网络关系图

图 2-41 网络关系图

2.8 实践训练

实践 1：使用"2019 年商品订单表 .xlsx"中的数据，利用 Matplotlib 绘制图 2-42 所示的折线图。

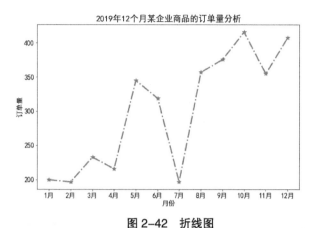

图 2-42 折线图

实践 2： 使用 "2019 年商品订单表 .xlsx" 中的数据，利用 Pyecharts 绘制图 2-43 所示的柱形图。

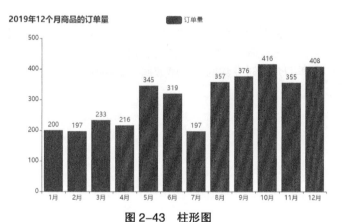

图 2-43 柱形图

实践 3： 使用 "2019 年商品订单表 .xlsx" 中的数据，利用 Plotly 绘制图 2-44 所示的饼图。

2019年季度销售业绩分析

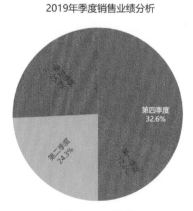

图 2-44 饼图

第 2 篇　时空数据篇

　　根据数据是否具有时间维度和空间维度，我们可以将数据分为时空数据和非时空数据，现实世界中超过 80% 的数据为时空数据。

　　本篇我们将详细介绍时空数据中时序数据、金融数据、空间数据和地理数据的可视化方法。

第3章　时序数据的可视化

>>>>>>>>>>
3.1　时序数据概述

3.1.1　时序数据简介

通常，将具有时间属性且随时间变化的数据称为时序数据，也就是时间序列数据，它是一种较常见的数据类型。注意在时序数据中，同一数据列中各数据是同口径的，要求具有可比性。

时序数据可以是时点数，也可以是时期数。例如，图 3-1 是使用 Excel 绘制的 2010—2019 年我国普通高等学校数量的条形图，该时序数据是由 10 个时期数组成的数列。

时序数据
概述

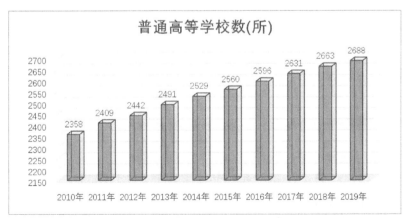

图 3-1　2010—2019 年我国普通高等学校数量的条形图

分析时序数据的目的是通过样本数据，构建时间序列模型，从而进行未来数据的预测。例如，可以根据我国 2010—2019 年共计 10 年的年末总人口历史数据，使用 Excel 为其折线图添加趋势线，建立人口预测模型，从而对我国未来的人口数进行预测。根据模型的比较分析，发现多项式模型比较合适，其 R^2 的值达到了 0.998，如图 3-2 所示。

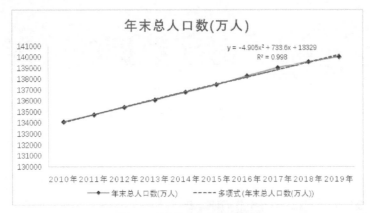

图 3-2　年末总人口数的预测

总之，时序数据在日常生活以及社会各个领域都有广泛的应用，从商品物价指数的预测到企业经营业绩的分析，再到企业税收的预测等，我们都能看到它的身影。

通常情况下，时序数据可以分成两类：时间序列数据和固有序列数据。

1. 时间序列数据

时间序列数据是按时间方向排列的数据，例如股票交易变动的数据。图 3-3 所示为 2020 年 7 月 31 日上证指数的分时数据，它反映了 7 月 31 日上证指数的变化情况。

图 3-3　2020 年 7 月 31 日上证指数的分时数据

2. 固有序列数据

固有序列数据是不以时间为变量的，但数据存在固有的测序序列，例如生物的脱氧核糖核酸（Deoxyribo Nucleic Acid，DNA）测序数据，它是指分析特定 DNA 片段的碱基序列，也就是腺嘌呤（A）、胸腺嘧啶（T）、胞嘧啶（C）与鸟嘌呤（G）的排列方式，如图 3-4 所示。快速 DNA 测序方法的出现极大地推动了生物学和医学的研究与发展。

图 3-4　生物的 DNA 序列

3.1.2　时序数据可视化概述

对于时序数据的可视化，一般将时间属性作为 x 轴，那么 y 轴的数据就是每个时间点发生的事件。根据时序数据的变化特征，可以将时序数据的可视化分为以下两种。

1. 按照是否具有周期性划分

若以可视化的角度来描述线性时序数据，则可以把时间作为 x 轴，把随时间变化而变化的数据作为 y 轴。例如，使用 Excel 绘制一个各月销售额的折线图，如图 3-5 所示，它显示了销售额数据随着时间变化而波动的规律。

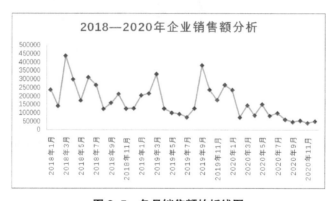

图 3-5　各月销售额的折线图

若以可视化的角度来描述周期性时序数据，则可以利用环形来布局时间轴，一个环形代表一个周期，显示出数据的周期性特征。例如，使用 Excel 绘制某企业 2018—2020 年近 3 年销售额的环形图，如图 3-6 所示。环形图各环从内到外依次表示 2018 年、2019 年和 2020 年各月的销售额。

2. 按照是静态或动态划分

静态可视化方法，即使用静态图表来显示数据中记录的内容，这种方法也是目前使用较为频繁的可视化方法。该方法通过多角度对比，找出数据随时间变化的趋势和规律，实现该方法可以使用条形图、折线图、散点图、日历图等。

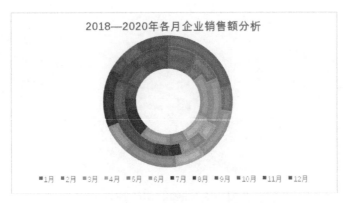

图 3-6　某企业 2018—2020 年近 3 年销售额的环形图

　　例如，为了分析某企业在 2020 年各月的销售业绩情况，使用 Excel 绘制了企业销售额静态图，如图 3-7 所示。

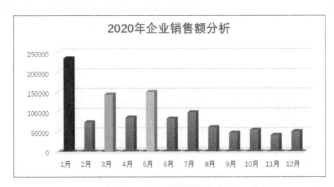

图 3-7　企业销售额静态图

　　动态可视化方法，即图形动态地显示数据随着时间变化而发生变化，可以更加生动地展示数据且能实时追踪数据的变化情况，但是使用这种方法需要认真考虑其可视化的可行性和表示能力。例如，对于图 3-7，可以为数据添加年份筛选按钮，动态地显示企业在各年的销售额情况，如图 3-8 所示。

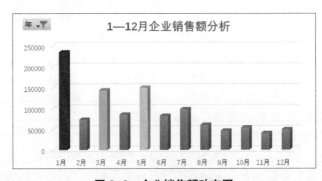

图 3-8　企业销售额动态图

>>>>>>>>>>> # 3.2　折线图法

3.2.1　折线图及其应用场景

1. 折线图简介

折线图是由折线构成的图形，如股票的 K 线图、价格走势图、时间序列数据的趋势图等。折线图一般由两个变量构成，一个变量作为分析变量，即图中线所代表的含义；另一个变量是定性变量或时间变量，作为分类变量或参照变量，用于考察分析变量的变动状况。折线图也可以用于同时考察多个变量的变动情况，并从中找出数据之间的关系。

折线图法

折线图最早由威廉·普莱费尔用于时序数据的可视化，它将离散的时序数据点用线段连接起来进行数据的展示，可以帮助我们直观地感知数据的变化趋势及特征，因此它被认为是时序数据可视化的默认图表类型。

折线图可以显示随时间变化的连续数据，因此非常适合显示相等时间间隔的数据趋势。在折线图中，类别数据沿横轴均匀分布，值数据沿纵轴均匀分布。例如为了显示不同日期的销售额走势，可创建不同日期的销售额折线图。

2. 应用场景

折线图主要用于大数据集以直观地反映数据的变化趋势、关联性的场景，但是数据量较小时其展示效果不够直观。例如，为了分析 2014—2020 年某企业商品销售额的变化情况，我们使用 Tableau 绘制了商品销售额的折线图，如图 3-9 所示。

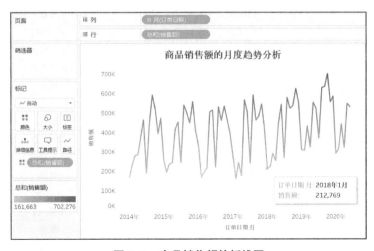

图 3-9　商品销售额的折线图

3. 参数说明

我们使用 Python 中的 Matplotlib 库绘制折线图，通过 plt.plot( ) 函数进行绘图，函数如下：

```
plot([x],y,[fmt],data=None,**kwargs)
```

函数参数配置如表 3-1 所示。

表 3-1　函数参数配置

参数	说明
x, y	设置数据点的横坐标和纵坐标
fmt	用字符串来定义图的基本属性，如颜色、点型、线型
data	带有标签的绘图数据

3.2.2　Python 案例实战

电商企业的商品销售一般都具有周期性波动的特点。为了深入研究某电商企业的销售额和利润额的变化情况，绘制两者的折线图。

该企业的订单数据存储在 MySQL 数据库的订单表（orders）中，其包含客户订单的基本信息，例如订单 ID、订单日期、门店名称、支付方式、发货日期等（25 个）字段，具体如表 3-2 所示。

表 3-2　订单表

序号	变量名	说明
1	order_id	订单 ID
2	order_date	订单日期
3	store_name	门店名称
4	pay_method	支付方式
5	deliver_date	发货日期
6	landed_days	实际发货天数
7	planned_days	计划发货天数
8	cust_id	客户 ID
9	cust_name	客户姓名
10	cust_type	客户类型
11	city	城市
12	province	省市
13	region	地区
14	product_id	商品 ID
15	product	商品名称
16	category	类别
17	subcategory	子类别
18	sales	销售额
19	amount	数量
20	discount	折扣
21	profit	利润额
22	manager	销售经理
23	return	是否退回
24	satisfied	是否满意
25	dt	年份

为了研究该企业 2020 年上半年每周的销售额和利润额情况，我们首先提取存储在 MySQL 数据库订单表（orders）中的数据，然后使用 Matplotlib 库绘制其折线图，其中横轴表示周数，即 1 ~ 26，纵轴表示每周的销售额和利润额，并且用不同的点、线表示，代码如下。

```python
# 导入相关库
import matplotlib.pyplot as plt
import numpy as np
import pymysql
plt.rcParams['font.sans-serif']=['SimHei']      # 显示中文
plt.rcParams['axes.unicode_minus']=False        # 正常显示负号

# 连接 MySQL 数据库
conn=pymysql.connect(host='127.0.0.1',port=3306,user='root',
                     password='root',db='sales',charset='utf8')
cursor=conn.cursor()
sql_num="SELECT weekofyear(order_date),ROUND(SUM(sales)/10000,2),
        ROUND(SUM(profit)/10000,2) FROM orders WHERE dt=2020 and
        weekofyear(order_date)<=26 GROUP BY weekofyear(order_date)"
cursor.execute(sql_num)
sh=cursor.fetchall()
v1=[]
v2=[]
v3=[]
for s in sh:
    v1.append(s[0])
    v2.append(s[1])
    v3.append(s[2])

# 画折线图
plt.figure(figsize=(11,7))
plt.plot(v1,v2,linestyle='-.',color='red',linewidth=3.0,label=' 销售额 ')
plt.plot(v1,v3,marker='*',color='green',markersize=10,label=' 利润额 ')
# 设置纵坐标范围
plt.ylim((-1,16))
# 设置横坐标显示角度，这里设置为 45°
plt.xticks(np.arange(0,27,2),rotation=45,fontsize=13)
plt.yticks(np.arange(0,17,1),fontsize=13)
# 设置横、纵坐标名称
plt.xlabel(" 日期（第几周）",fontsize=13)
plt.ylabel(" 销售额与利润额 ",fontsize=13)
# 设置折线图名称
plt.title("2020 年上半年企业每周销售额与利润额分析 ",fontsize=16)
plt.legend(loc='upper left',fontsize=13)
plt.show()
```

在 JupyterLab 中运行上述代码，生成的销售额和利润额折线图如图 3-10 所示。从图 3-10 中可以看出：在 2020 年，企业每周的销售额相对于利润额变化较大，虽然销售额有较大幅度的波动，但是利润额却没有较大变化。这可能是企业加大了营销推广的力度，从而促使经营成本增加。

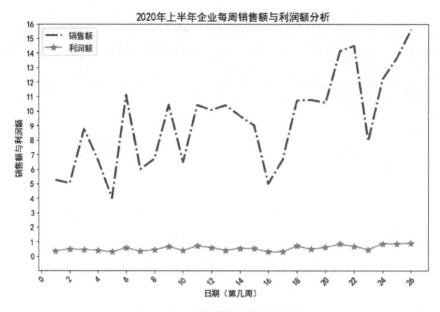

图 3-10　销售额和利润额折线图

〉〉〉〉〉〉〉〉〉〉〉 # 3.3　散点图法

3.3.1　散点图及其应用场景

1. 散点图简介

散点图又称 XY 散点图，将数据以点的形式展现，以显示变量间的相互关系或者影响程度，点的位置由变量的数值决定。

散点图中只有一系列的数据点。尽管散点图不能表示出数据的局部变化速率，但它能够展示数据的整体变化趋势。

散点图法

对于时序数据的可视化，尽管人们通常会使用折线图，但没有理论证明折线图和散点图哪个能更好地揭示数据的变化趋势。

2. 应用场景

散点图主要用于显示若干数据系列中各数值之间的关系，判断两变量之间是否存在某种关联，或者发现数据的分布或聚合情况。例如，为了分析某商品的配送延迟情况，我们使用 Tableau 绘制了计划配送天数与实际配送天数的散点图，如图 3-11所示。

3. 参数说明

这里我们使用 Python 中的 Pyecharts 库绘制散点图，散点图参数配置如表 3-3所示。

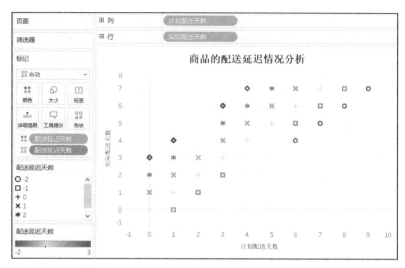

图 3-11　计划配送天数与实际配送天数的散点图

表 3-3　散点图参数配置

参数	说明
series_name	系列名称，用于 tooltip 的显示、legend 的图例筛选
y_axis	系列数据
is_selected	是否选中图例
xaxis_index	x 轴的 index，在单个图表实例中存在多个 x 轴的时候有用
yaxis_index	y 轴的 index，在单个图表实例中存在多个 y 轴的时候有用
color	系列 label 颜色
symbol	标记的图形
symbol_size	标记的大小
symbol_rotate	标记的旋转角度
label_opts	标签配置项
markpoint_opts	标记点配置项
markline_opts	标记线配置项
markarea_opts	图表标域
tooltip_opts	提示框组件配置项
itemstyle_opts	图元样式配置项
encode	可以定义数据的某个维度被编码成什么

3.3.2　Python 案例实战

为了深入研究 A 企业股票的投资价值，需要分析其股票的开盘价和收盘价走势。A 企业的股票走势数据存储在 MySQL 数据库的股价表（stocks）中，其包含 A 企业近 3 年来股价的走势信息，例如交易日期、开盘价、最高价、最低价、收盘价等（7 个）字段，如表 3-4 所示。

表 3-4　股价表

序号	变量名	说明
1	trade_date	交易日期
2	open	开盘价
3	high	最高价
4	low	最低价
5	close	收盘价
6	adj_close	复权收盘价
7	volume	成交量

　　为了研究企业股票的开盘价和收盘价走势，我们首先提取存储在 MySQL 数据库股价表（stocks）中的数据，然后使用 Pyecharts 库绘制企业股票的每日开盘价和收盘价散点图，并用不同的颜色进行表示，其中横轴表示日期，纵轴表示开盘价和收盘价，代码如下。

```python
# 导入相关库
from pyecharts import options as opts
from pyecharts.charts import Scatter,Page
from pyecharts.globals import SymbolType
import pymysql

# 连接 MySQL 数据库
conn=pymysql.connect(host='127.0.0.1',port=3306,user='root',
                     password='root',db='sales',charset='utf8')
cur=conn.cursor()
sql_num="SELECT trade_date,open,close FROM stocks
        where trade_date>='2020-01-01'order by trade_date asc"
cur.execute(sql_num)
sh=cur.fetchall()
v1=[]
v2=[]
v3=[]
for s in sh:
    v1.append(s[0])
    v2.append(s[1])
    v3.append(s[2])

def scatter_splitline()->Scatter:
  .c=(
      Scatter()
      .add_xaxis(v1)
      .add_yaxis(" 开盘价 ",v2,label_opts=opts.LabelOpts(is_show=False))
      .add_yaxis(" 收盘价 ",v3,label_opts=opts.LabelOpts(is_show=False))
      .set_global_opts(
          title_opts=opts.TitleOpts(title=" 企业股票趋势分析 ",
                    subtitle=" 股票开盘价和收盘价 "),
          xaxis_opts=opts.AxisOpts(splitline_opts=opts.SplitLineOpts(
                    is_show=True)),
        yaxis_opts=opts.AxisOpts(type_="value",min_=60,axistick_opts=opts.
                AxisTickOpts(is_show=True),splitline_opts=opts.
                SplitLineOpts(is_show=True)),
          toolbox_opts=opts.ToolboxOpts(),
          legend_opts=opts.LegendOpts(is_show=True)
          )
```

```
    )
    return c

# 第一次渲染时调用 load_javascript 文件
scatter_splitline().load_javascript()
# 展示数据可视化图表
scatter_splitline().render_notebook()
```

在 JupyterLab 中运行上述代码，生成企业股票的开盘价和收盘价散点图，如图 3-12 所示。从图 3-12 中可以看出：2020 年企业的股票价格基本呈现逐渐下降的趋势。

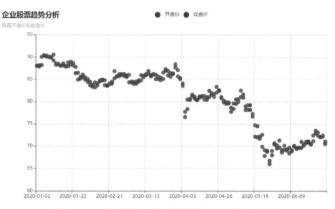

图 3-12　企业股票的开盘价和收盘价散点图

>>>>>>>>>>> ## 3.4　日历图法

3.4.1　日历图及其应用场景

1. 日历图简介

日历图即日历数据图，它提供一段时间的日历数据，便于我们更好地查看所选日期的数据。

时间属性可以与实际日历对应，并分为年、月、周、日等多个等级。因此，采用日历图表达时间属性与我们识别时间的习惯相符。

2. 应用场景

日历图主要用于将时间序列数据展现在日历上。例如，为了分析企业每日的销售额情况，我们可以绘制销售额的日历图，如图 3-13 所示。

3. 参数说明

这里我们使用 Python 中的 Pyecharts 库绘制日历图，日历图参数

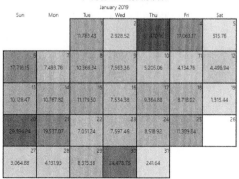

图 3-13　企业销售额的日历图

配置如表 3-5 所示。

表 3-5　日历图参数配置

参数	说明
series_name	系列名称，用于 tooltip 的显示、legend 的图例筛选
yaxis_data	系列数据，格式为 [(date1,value1),(date2,value2),…]
is_selected	是否选中图例
label_opts	标签配置项
calendar_opts	日历坐标系组件配置项
tooltip_opts	提示框组件配置项
itemstyle_opts	图元样式配置项

3.4.2　Python 案例实战

为了研究某企业股票的价格走势，我们首先提取存储在 MySQL 数据库股价表（stocks）中的数据，然后使用 Pyecharts 库绘制企业股票的每日收盘价日历图，其中图形颜色的深浅代表了每日股票收盘价的高低，代码如下。

```python
# 声明 Notebook 类型，必须在引入 pyecharts.charts 等模块前声明
from pyecharts.globals import CurrentConfig,NotebookType
CurrentConfig.NOTEBOOK_TYPE=NotebookType.JUPYTER_LAB

from pyecharts import options as opts
from pyecharts.charts import Calendar,Page
import pymysql

# 连接 MySQL 数据库
conn=pymysql.connect(host='127.0.0.1',port=3306,user='root',
                     password='root',db='sales',charset='utf8')
cursor=conn.cursor()
sql_num="SELECT trade_date,close FROM stocks
        WHERE year(trade_date)=2020"
cursor.execute(sql_num)
sh=cursor.fetchall()
v1=[]
for s in sh:
    v1.append([s[0],s[1]])
data=v1

# 绘制日历图
def calendar_base()->Calendar:

    c=(
      Calendar()
      .add("",data,calendar_opts=opts.CalendarOpts(range_="2020"))
      .set_global_opts(
          title_opts=opts.TitleOpts(title="2020 年上半年股票收盘价日历图 "),
          visualmap_opts=opts.VisualMapOpts(
              max_=95,
              min_=65,
              orient="horizontal", #vertical 表示垂直的，horizontal 表示水平的
```

```
                is_piecewise=True,
                pos_top="200px",
                pos_left="10px"
        ),
        toolbox_opts=opts.ToolboxOpts(is_show=False),
        legend_opts=opts.LegendOpts(is_show=True)
    )
)
return c

# 第一次渲染时调用 load_javascript 文件
calendar_base().load_javascript()
# 展示数据可视化图表
calendar_base().render_notebook()
```

在 JupyterLab 中运行上述代码，生成的日历图如图 3-14 所示。从图 3-14 中可以看出：2020 年上半年企业股票每一天的收盘价情况。

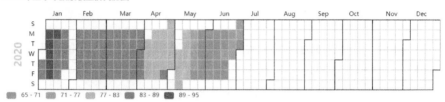

图 3-14　日历图

>>>>>>>>>> ## 3.5　动态图法

3.5.1　动态图及其应用场景

1. 动态图简介

动态图是状态图的一种特殊形式，其所有状态都是活动状态，而且所有后续状态都是在初始状态中的活动完成时立即触发的。

与静态图表不同，动态图表的核心在于数据和图表类型可随条件的不同而发生变化，有助于用户以可视化的形式了解整个事件过程。动态图的实现原理与动态报表的类似，是基于参数传递或数据过滤实现的。

动态图法

目前，动态图在各行各业都有广泛的应用，例如，道路交通的实时监控、购物网站实时交易的数据展示等。

2. 应用场景

动态图除了能展现一般静态图的内容之外，还能展现数据随着时间等维度进行交互的情况。例如，为了分析 2019 年某企业每天的销售额，我们使用 Microsoft Power BI 绘制了动态的每日销售额点线图，可以单击视图左上方的"播放"按钮进行动态展示或暂停展示，如图 3-15 所示。

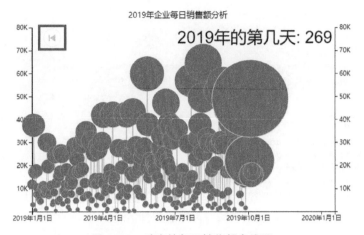

图 3-15 动态的每日销售额点线图

3.5.2 Python 案例实战

为了比较、分析某企业不同类型的手机商品在最近 7 年每一年的销售情况，我们使用 Pyecharts 自带的商品销售数据集进行展示，手机商品销售数据如表 3-6 所示。

表 3-6 手机商品销售数据

年份	小米	三星	华为	苹果	魅族	vivo	OPPO
2014 年	135	104	117	41	110	38	99
2015 年	47	64	90	26	127	130	114
2016 年	66	43	43	46	101	133	45
2017 年	106	25	74	59	64	136	53
2018 年	42	100	136	95	73	20	99
2019 年	47	128	44	86	89	22	116
2020 年	46	30	50	99	122	113	148

为了研究表 3-6 中 7 种手机品牌在 2014—2020 年这 7 年中每一年的销售情况，我们使用 Pyecharts 绘制其商品销售额的动态图，代码如下。

```
# 导入相关库
from pyecharts import options as opts
from pyecharts.charts import Pie, Timeline
from pyecharts.faker import Faker

attr=Faker.choose()
tl=Timeline()
for i in range(2014, 2021):
    pie=(
        Pie()
        .add(
            "销售额",
            [list(z) for z in zip(attr, Faker.values())],
            rosetype="radius",
            radius=["30%", "55%"],
```

```
        )
        .set_global_opts(title_opts=opts.TitleOpts("企业 {} 年商品销售额".format(i))
        )
    )
    tl.add(pie, "{} 年".format(i))
# 第一次渲染时调用 load_javascript 文件
tl.load_javascript()
# 展示数据可视化图表
tl.render_notebook()
```

在 JupyterLab 中运行上述代码，生成的动态图如图 3-16 所示。我们可以单击视图左下方的"播放"按钮⊙进行动态演示，从图 3-16 中可以看出企业每种类型商品在最近 7 年每一年的销售额情况。

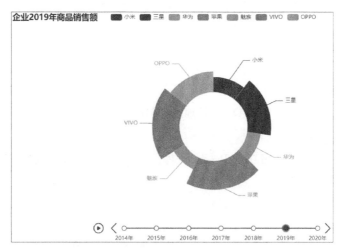

图 3-16　动态图

3.6　主题河流图法

3.6.1　主题河流图及其应用场景

1. 主题河流图简介

主题河流图是用面积表示事件或主题等在一段时间内变化的图。它是一种围绕中心轴线移位的堆积面积图，通过使用"流动"的有机形状，显示不同类别的数据随时间的变化，有些类似河流的水流。

主题河流图法

在主题河流图中，每个"流"的形状大小与每个类别中的值成比例，平行流动的轴变量一般用于显示时间，主题河流图在时间序列数据的可视化分析中比较实用。

2. 应用场景

当我们需要探索几个不同主题的热度（或其他统计量）随时间的演变趋势，并在同时期进行比较时，就可以使用主题河流图。

例如，为了比较、分析 2020 年 12 月某企业在各个地区的销售额，我们使用 Echarts 绘制不同地区销售额的主题河流图，如图 3-17 所示。

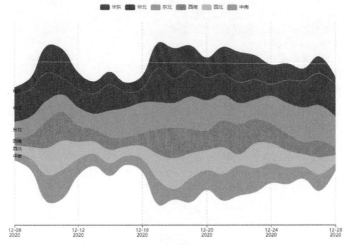

图 3-17　不同地区销售额的主题河流图

3. 参数说明

这里我们使用 Python 中的 Pyecharts 库绘制主题河流图，主题河流图参数配置如表 3-7 所示。

表 3-7　主题河流图参数配置

参数	说明
series_name	系列名称，用于 tooltip 的显示、legend 的图例筛选
data	系列数据项
is_selected	是否选中图例
label_opts	标签配置项
tooltip_opts	提示框组件配置项
singleaxis_opts	单轴组件配置项

3.6.2　Python 案例实战

为了深入分析某企业在 2020 年 6 月不同类型商品的销售额情况，我们首先提取存储在 MySQL 数据库订单表（orders）中的数据，然后使用 Pyecharts 库绘制不同商品销售额的主题河流图，其中横轴表示订单日期，纵轴表示每类商品的销售额，并且用不同的颜色进行表示，代码如下。

```
# 声明 Notebook 类型，必须在引入 pyecharts.charts 等模块前声明
from pyecharts.globals import CurrentConfig, NotebookType
CurrentConfig.NOTEBOOK_TYPE=NotebookType.JUPYTER_LAB

from pyecharts import options as opts
from pyecharts.charts import Page, ThemeRiver
```

```
import pymysql

# 连接 MySQL 数据库
conn=pymysql.connect(host='127.0.0.1',port=3306,user='root',
                     password='root',db='sales',charset='utf8')
sql_num="SELECT order_date,ROUND(SUM(profit),2),category FROM orders
        WHERE order_date>='2020-06-01'and order_date<='2020-06-30'GROUP BY
        category,order_date"
cursor=conn.cursor()
cursor.execute(sql_num)
sh=cursor.fetchall()
v1=[]
v2=[]
for s in sh:
  v1.append([s[0],s[1],s[2]])

# 绘制主题河流图
def themeriver()->ThemeRiver:
   c=(
      ThemeRiver()
      .add(
         ["办公用品","家具","技术"],
         v1,
         singleaxis_opts=opts.SingleAxisOpts(type_="time", pos_bottom="10%"),
      )
      .set_global_opts(title_opts=opts.TitleOpts(
      title="不同类型商品的销售额分析", subtitle="2020 年 6 月企业运营分析"),
                  toolbox_opts=opts.ToolboxOpts(),
                  legend_opts=opts.LegendOpts(is_show=True)
                  )
   ).set_series_opts(label_opts=True)
   return c

# 第一次渲染时调用 load_javascript 文件
themeriver().load_javascript()
# 展示数据可视化图表
themeriver().render_notebook()
```

在 JupyterLab 中运行上述代码，生成的主题河流图如图 3–18 所示。从图 3–18 中可以看出：在 2020 年 6 月，不同类型商品的销售额差异很大，其中家具类商品的销售额最高，其次是办公用品类商品，技术类商品的销售额最低。

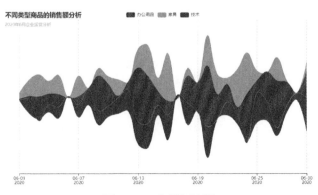

图 3–18　主题河流图

3.7 平行坐标系法

3.7.1 平行坐标系及其应用场景

1. 平行坐标系简介

平行坐标系是数据可视化的一种重要技术，它是可视化高维几何和分析多元数据的常用方法。为了克服传统的笛卡儿直角坐标系不能表示三维及其以上数据的问题，平行坐标系将高维数据的各个变量用一系列相互平行的坐标轴表示，变量值对应轴上的位置。为了反映变化趋势和各个变量间的相互关系，人们往往会将描述不同变量的各点连接成折线。

平行坐标系法

尽管通过平行坐标系绘制的图是折线图的一种类型，但它与普通的折线图是有区别的。平行坐标系不局限于描述单一趋势关系，如时间序列数据的不同时间点，它还可以描述不同类型变量的数值。

平行坐标系的缺点：在数据非常密集时，它们可能过于杂乱，导致难以辨认。解决此问题的通常做法是在图中突出显示感兴趣的对象或集合，同时淡化其他对象，这样就可以在滤除噪声的同时描述重要的内容。

此外，在平行坐标系中，轴的排列顺序可能会影响我们对数据的理解，这是由于相邻变量之间的关系比非相邻变量之间的关系更容易理解。因此，对坐标轴进行重新排序可以帮助我们发现变量之间的潜在关系。同时，平行坐标系描述的大多数是数值变量的关系，而对于定性变量或分类变量关系的描述则比较少。

2. 应用场景

平行坐标系主要用于对三维及其以上数据进行可视化分析，一般与时间序列数据密切相关，其轴与时间点不对应，没有固定的轴顺序。

例如，为了分析北京、上海、广州 3 个城市的天气情况，我们搜集了某一周 3 个城市的空气质量指数（Ari Quality Index，AQI）、PM2.5、PM10 等数据，利用 Echarts 绘制了 3 个城市空气质量状况的平行坐标系，如图 3-19 所示。

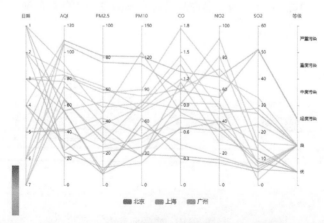

图 3-19 3 个城市空气质量状况的平行坐标系

3. 参数说明

这里我们使用 Python 中的 Pyecharts 库绘制平行坐标系，平行坐标系参数配置如表 3-8 所示。

表 3-8　平行坐标系参数配置

参数	说明
series_name	系列名称，用于 tooltip 的显示、legend 的图例筛选
data	系列数据项
is_selected	是否选中图例
is_smooth	是否平滑曲线
linestyle_opts	线条样式
tooltip_opts	提示框组件配置项
itemstyle_opts	图元样式配置项

3.7.2　Python 案例实战

某企业 2014—2020 年在全国 6 个销售大区的商品年利润增长率数据如表 3-9 所示。

表 3-9　商品年利润增长率

销售大区	2014 年	2015 年	2016 年	2017 年	2018 年	2019 年	2020 年	业绩评估
西北	1.18	1.26	0.3	2.82	2.03	2.62	2.02	Bad
华中	7.18	9.26	12.3	6.82	9.03	4.62	2.82	OK
西南	6.18	7.26	10.3	4.82	8.03	3.32	6.12	OK
华南	9.18	9.26	13.3	13.82	14.63	11.62	15.12	Good
东北	8.18	8.26	10.3	11.82	13.03	14.52	10.12	Good
华东	10.98	18.66	20.83	15.62	17.93	16.82	19.62	Excellent

为了研究某企业在西北、华中、西南、华南、东北和华东 6 个销售大区的 2014—2020 年这 7 年每一年的利润增长率情况，我们使用 Pyecharts 库绘制这 7 年各个销售大区利润增长率的平行坐标系，其中业绩评估分为 Bad、OK、Good 和 Excellent 共 4 种，代码如下。

```python
# 导入相关库
import pyecharts.options as opts
from pyecharts.charts import Parallel

# 设置坐标系维度
parallel_axis=[
    {"dim": 0,"name": "销售大区","type": "category"},
    {"dim": 1,"name": "2014 年"},
    {"dim": 2,"name": "2015 年"},
    {"dim": 3,"name": "2016 年"},
    {"dim": 4,"name": "2017 年"},
    {"dim": 5,"name": "2018 年"},
    {"dim": 6,"name": "2019 年"},
    {"dim": 7,"name": "2020 年"},
    {"dim": 8,"name": "业绩评估","type": "category","data": ["Bad","OK",
    "Good","Excellent"]},
```

```
    } ]

# 数据设置
data=[[" 西北 ",1.18,1.26,0.3,02.82,2.03,2.62,2.02,"Bad"],
     [" 华中 ",7.18,9.26,12.3,6.82,9.03,4.62,2.82,"OK"],
     [" 西南 ",6.18,7.26,10.3,4.82,8.03,3.32,6.12,"OK"],
     [" 华南 ",9.18,9.26,13.3,13.82,14.63,11.62,15.12,"Good"],
     [" 东北 ",8.18,8.26,10.3,11.82,13.03,14.52,10.12,"Good"],
     [" 华东 ",10.98,18.66,20.83,15.62,17.93,16.82,19.62,"Excellent"]
    ]

# 绘制平行坐标系
def Parallel_splitline()->Parallel:
    c=(
        Parallel()
        .add_schema(schema=parallel_axis)
        .add(
            series_name="",
            data=data,
            linestyle_opts=opts.LineStyleOpts(width=4,opacity=0.5),
        )
    )
    return c

# 第一次渲染时调用 load_javascript 文件
Parallel_splitline().load_javascript()
# 展示数据可视化图表
Parallel_splitline().render_notebook()
```

在 JupyterLab 中运行上述代码，生成的平行坐标系如图 3-20 所示。从图 3-20
中可以看出：在 2014—2020 年这 7 年的年利润增长率情况比较中，华东销售大区
的业绩评估为 Excellent，东北销售大区和华南销售大区的业绩评估为 Good，西南销
售大区和华中销售大区的业绩评估为 OK，西北销售大区的业绩评估为 Bad。

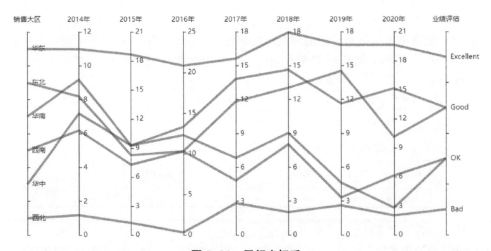

图 3-20　平行坐标系

>>>>>>>>>>>> # 3.8　甘特图法

3.8.1　甘特图及其应用场景

1. 甘特图简介

甘特图以图示的方式通过活动列表和时间刻度形象地表示出特定项目的活动顺序与持续时间，即甘特图是将活动与时间联系起来的一种图表形式，可以显示每个活动的历时长短。

甘特图法

甘特图是被广泛应用的一种图表形式，主要应用于项目管理的过程中。它可以帮助我们预测时间、成本、数量及质量方面的结果，也可以帮助我们考虑人力、资源、日期、项目中重复的要素和关键的部分，还可以集多张甘特图为一张总图。

如今，甘特图不仅被应用到生产管理领域，随着生产管理的发展、项目管理的扩展，它还被应用到其他多个领域，如信息技术（Information Technology，IT）软件、建筑、汽车行业等将时间和任务进度联系到一起的行业。

2. 应用场景

甘特图主要用于生产管理领域制订生产计划。使用甘特图能从时间上整体把握进度，很清晰地标识出每一项任务的起始时间与结束时间，直观地展现任务的进展情况、资源的利用率等。

例如，某企业为了实现业务创新、解决信息单一的问题，在 2020 年加快了数据中台的建设，这里我们使用 Excel 绘制项目计划的甘特图，如图 3-21 所示。

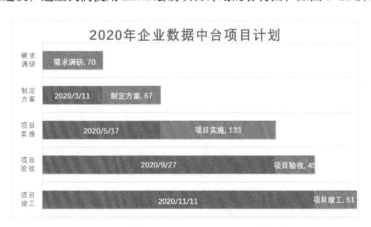

图 3-21　项目计划的甘特图

3.8.2　Python 案例实战

某企业为了了解客户的观念和行为，以便为商业模式的创新提供数据基础，充分利用内外部数据，打破"数据孤岛"的现状，在 2020 年启动了数据中台项目（第一期），项目进度如表 3-10 所示。

表 3-10   数据中台项目进度

项目阶段	开始日期	结束日期
需求调研	2020-01-01	2020-03-10
制定方案	2020-03-11	2020-05-16
项目实施	2020-05-17	2020-09-26
项目验收	2020-09-27	2020-11-10
项目竣工	2020-11-11	2020-12-31

为了实时了解该企业数据中台项目的进度情况，我们可以使用 Plotly 库绘制项目进度的甘特图，其中横轴表示日期，频率可以是 1 周（1w）、1 月（1m）、半年（6m）、1 年（1y）等，纵轴表示项目每个阶段的名称，并用不同的颜色进行表示，代码如下。

```
# 导入相关库
import plotly as py
import plotly.figure_factory as ff
pyplt=py.offline.plot

# 输入项目安排
df=[dict(Task="需求调研", Start='2020-01-01', Finish='2020-03-10'),
    dict(Task="制定方案", Start='2020-03-11', Finish='2020-05-16'),
    dict(Task="项目实施", Start='2020-05-17', Finish='2020-09-26'),
    dict(Task="项目验收", Start='2020-09-27', Finish='2020-11-10'),
    dict(Task="项目竣工", Start='2020-11-11', Finish='2020-12-31')
    ]

# 设置表示阶段的颜色
colors=['#CDC9A5','#7D26CD','#7CFC00','#A0522D','#458B74','#CD0000',
        '#00008B']

# 绘制甘特图
fig=ff.create_gantt(df,show_colorbar=True,colors=colors,
                    index_col='Task',group_tasks=True)

# 配置图形参数
fig.update_layout(
  font=dict(
      family="MicroSoft YaHei",
      size=15,
      color="black"
   ),
  title="2020 年企业数据中台项目计划 ",
  xaxis_title=" 时间 ",
  yaxis_title=" 项目阶段 ",
  legend=dict(x=0.92,y=0.98,font=dict(size=13,color="black"))
)

pyplt(fig, filename=' 甘特图 .html')
```

在 JupyterLab 中运行上述代码，生成的甘特图如图 3-22 所示。从图 3-22 中可以看出：该企业数据中台项目的进度情况及其时间安排。

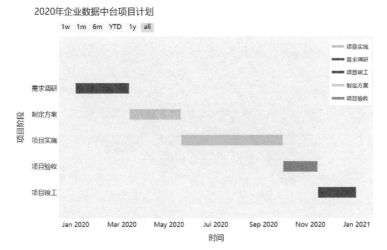

图 3-22　甘特图

>>>>>>>>>> # 3.9　自相关图法

3.9.1　自相关图及其应用场景

1. 自相关图简介

自相关也叫序列相关，是指时间序列数据自身在不同时间点的相关。时间序列数据的自相关系数被称为自相关函数，自相关的图被称为自相关图。

自相关图法

偏相关图用来度量暂时调整所有其他滞后项后，时间序列数据中以 k 个时间单位分隔的观测值之间的相关性，它是剔除干扰后的时间序列数据与先前相同时间步长的时间序列数据之间的相关系数。

2. 应用场景

自相关图主要用于直观地显示时间序列数据的当前序列值和过去序列值之间的相关性，并指出预测将来值时较有用的过去序列值。例如，根据 2015—2020 年某企业在这 6 年的销售额数据，预测 2021 年每个月的销售额，我们使用 SPSS 绘制自相关图，如图 3-23 所示。

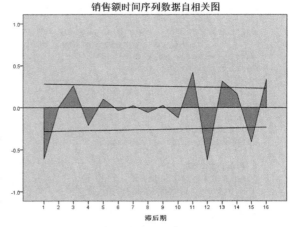

图 3-23　自相关图

使用 SPSS 绘制偏相关图，如图 3–24 所示。

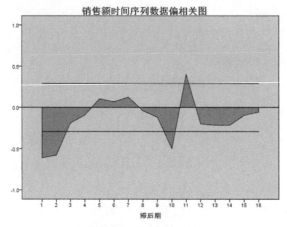

图 3–24　偏相关图

3.9.2　Python 案例实战

为了深入分析某企业股票成交金额的未来趋势，我们使用存储在 MySQL 数据库股价表（stocks）中的数据，利用 Matplotlib 库绘制股票成交金额的自相关图和偏相关图，其中横轴表示时间序列数据模型中的滞后期，纵轴表示相关系数，带颜色的区域表示 95% 的置信区间区域，代码如下。

```python
# 导入相关库
import pandas as pd
import matplotlib.pyplot as plt
from statsmodels.graphics.tsaplots import plot_acf,plot_pacf
plt.rcParams['font.sans-serif']=['SimHei']        # 显示中文
plt.rcParams['axes.unicode_minus']=False          # 正常显示负号
import pymysql

# 连接 MySQL 数据库
conn=pymysql.connect(host='127.0.0.1',port=3306,user='root',
password='root',db='sales',charset='utf8')
cursor=conn.cursor()
sql_num="SELECT trade_date,amount FROM stocks
          WHERE year(trade_date)=2020 order by trade_date asc"
cursor.execute(sql_num)
sh=cursor.fetchall()
v1=[]
v2=[]
for s in sh:
    v1.append(s[0])
    v2.append(s[1])
data=pd.DataFrame(v2,v1)

# 绘制自相关图
plot_acf(data,lags=40).show()
plt.title("股票成交额的自相关图")

# 绘制偏相关图
plot_pacf(data,lags=40).show()
plt.title("股票成交额的偏相关图")
```

在 JupyterLab 中运行上述代码，生成的企业股票成交额自相关图和企业股票成交额偏相关图，如图 3-25 和图 3-26 所示。

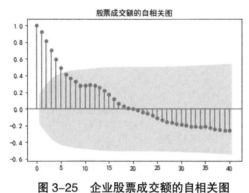

图 3-25　企业股票成交额的自相关图　　图 3-26　企业股票成交额的偏相关图

>>>>>>>>>>> # 3.10　脊线图法

3.10.1　脊线图及其应用场景

1. 脊线图简介

脊线图是用以在二维空间产生"山脉"的形状，有部分重叠的线形图。其中每一行对应一个类别，而 x 轴对应的是数值的范围，波峰的高度代表数值出现次数的多少。

脊线图法

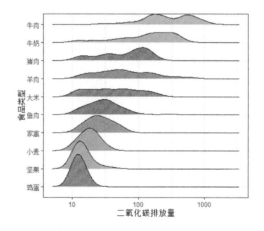

图 3-27　食品类型与二氧化碳排放量关系的脊线图

2. 应用场景

脊线图主要用于可视化指标数据随时间或空间分布的变化。例如，为了分析食品类型与二氧化碳（CO_2）排放量的关系，我们可以使用 R 语言绘制其脊线图，如图 3-27 所示。

3.10.2　Python 案例实战

为了深入研究某企业在 2019 年每个月的商品退单量情况，我们使用每日退单量数据表（return_days.csv）中的数据，该表包含退单日期（date）和退单量（return）两个字段，然后利用 Altair 库绘制每月商品退单量的脊线图，其中横轴表示退单量，纵轴表示退单所在的月份，波峰的高度表示退单的次数，代码如下。

```
# 导入相应库
import altair as alt
import pandas as pd

# 连接退单数据
source=pd.read_csv('D:/Python 数据可视化（微课版）/ch03/return_days.csv', ',')

step=25
overlap=1

# 配置图形参数
alt.Chart(source, height=step).transform_timeunit(Month='month(date)'
).transform_joinaggregate(mean_temp='mean(return)',groupby=['Month']
).transform_bin(['bin_max', 'bin_min'], 'return'
).transform_aggregate(value='count()',groupby=['Month','mean_temp',
'bin_min','bin_max']
).transform_impute(impute='value',groupby=['Month','mean_temp'],
key='bin_min',value=0
).mark_area(interpolate='monotone',fillOpacity=0.8,stroke='lightgray',
strokeWidth=0.3
).encode(
    alt.X('bin_min:Q',bin='binned',title=' 退单量 '),
    alt.Y('value:Q',scale=alt.Scale(range=[step,-step*overlap]),axis=None),
    alt.Fill('mean_temp:Q',legend=None,scale=alt.Scale(domain=[30,
5],scheme='redyellowblue')
    )
).facet(
    row=alt.Row('Month:T',title=None,header=alt.Header(labelAngle=0,
labelAlign='right', format='%B')
    )
).properties(title=' 退单量分析 ',bounds='flush'
).configure_facet(spacing=0
).configure_view(stroke=None
).configure_title(anchor='end')
```

在 JupyterLab 中运行上述代码，生成的脊线图如图 3-28 所示。从图 3-28 中可以看出：在 2019 年，商品的退单量呈现先增多后减少的趋势，在 7 月达到峰值，下半年退单量减少速度较快。

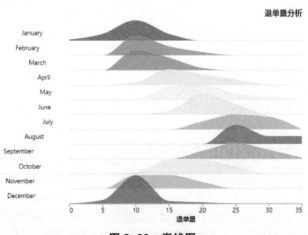

图 3-28　脊线图

>>>>>>>>>> 3.11　实践训练

实践 1：使用数据库中股价表（stocks）的数据，利用 Python 绘制图 3-29 所示企业股票交易时间与成交金额的散点图。

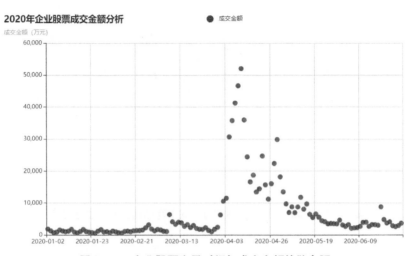

图 3-29　企业股票交易时间与成交金额的散点图

实践 2：使用数据库中订单表（orders）的数据，利用 Python 绘制图 3-30 所示 2020 年上半年企业每周商品有效订单量的折线图。

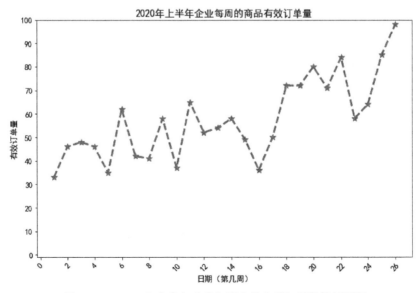

图 3-30　2020 年上半年企业每周商品有效订单量的折线图

实践 3： 使用数据库中订单表（orders）的数据，利用 Python 绘制图 3-31 所示 2020 年 6 月不同支付方式下商品销售额的主题河流图。

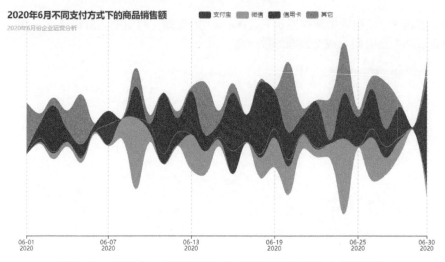

图 3-31　2020 年 6 月不同支付方式下商品销售额的主题河流图

CHAPTER 04

第4章 金融数据的可视化

4.1 金融数据概述

4.1.1 金融数据简介

金融数据是指金融行业所涉及的市场数据、公司数据、行业指数和定价数据等数据的统称,凡是与金融行业相关的数据都可以归入金融市场的数据体系之中。

在金融市场中,根据数据频率的不同,将金融数据分为低频数据(low frequency data)、高频数据(high frequency data)和超高频数据(ultra-high frequency data)3 类,如图 4-1 所示。

金融数据概述

·低频数据	·高频数据	·超高频数据
年、月、周、日	时、分、秒	实时

图 4-1 金融数据的类型

低频数据通常是指以年、月、周、日等为采样间隔的数据。

高频数据通常是指以时、分,甚至秒为采样间隔的数据。

超高频数据也被称为"交易数据",是指在金融市场的实际交易过程中实时采集得到的数据,即采样的频率到达极限,每笔交易中的数据都被记录。

对金融数据进行离散抽取时,会丢失一些有价值的信息,即抽样频率越高,丢失的信息就越少,反之,频率越低,丢失的信息就越多。因此,相对低频数据,超高频数据容纳了更多的有用信息,愈加具有优势。

4.1.2 金融数据可视化概述

金融数据的可视化可以帮助我们理解股票、商品等的价格是如何随时间变化的。此外,一般在可视化视图中还新增了一些指标用于显示价格信号,例如趋势、交易量、交易额等。

由于金融数据特有的特征，其可视化视图元素的表达方式与其他数据类型视图的不同，一般都需要有金融计算功能，并将金融函数与统计和可视化框架集成。金融数据可视化的方法主要有K线图（蜡烛图）、OHLC 图、Renko 图、MACD 图、BOLL 图、RSI 图等，如图 4-2 所示。

图 4-2　金融数据可视化的方法

4.2　K 线图法

4.2.1　K 线图及其应用场景

1. K 线图简介

K 线图又称蜡烛图，它包含 4 个指标数据，即开盘价、最高价、最低价、收盘价。所有的K线都围绕这4个指标展开，反映股票的价格信息。如果把每日的 K 线图集成在一张纸上，就能得到日 K 线图，同样也可画出周 K 线图、月 K 线图。

K 线图法

K 线图起源于日本德川幕府时代的米市交易，用于分析米价每天的涨跌，后来人们把它引入股票市场价格走势的分析中，目前它已成为股票市场分析中的重要方法。

2. 应用场景

K 线图通常用于显示和分析证券、股票、债券等金融相关商品随时间变化的价格变动。K 线图中包含开盘价、最高价、最低价、收盘价等信息，图 4-3 所示为某公司股票的日 K 线图。

图 4-3　K 线图 1

3. 参数说明

这里我们使用 Python 中的 Pyecharts 库绘制 K 线图，K 线图参数配置如表 4-1 所示。

表 4-1　K 线图参数配置

参数	说明
series_name	系列名称，用于 tooltip 的显示、legend 的图例筛选
y_axis	系列数据
is_selected	是否选中图例
xaxis_index	使用的 x 轴的 index，当单个图表实例中存在多个 x 轴时可使用
yaxis_index	使用的 y 轴的 index，当单个图表实例中存在多个 y 轴时可使用
markline_opts	标记线配置项
markpoint_opts	标记点配置项
tooltip_opts	提示框组件配置项
itemstyle_opts	图元样式配置项

4.2.2　Python 案例实战

为了分析某企业的股票价格走势，我们可以利用 Python 绘制股票价格的 K 线图。例如，使用存储在 MySQL 数据库股价表（stocks）中的数据，绘制企业 2020 年 6 月份股票价格的 K 线图，其中横轴表示日期，纵轴表示股票价格，代码如下。

```python
# 声明 Notebook 类型，必须在引入 pyecharts.charts 等模块前声明
from pyecharts.globals import CurrentConfig, NotebookType
CurrentConfig.NOTEBOOK_TYPE=NotebookType.JUPYTER_LAB

from pyecharts import options as opts
from pyecharts.charts import Kline, Page
import pymysql

# 连接 MySQL 数据库
v1=[]
v2=[]
conn=pymysql.connect(host='127.0.0.1',port=3306,user='root',
password='root',db='sales',charset='utf8')
cursor=conn.cursor()

# 读取 MySQL 数据库中的数据
sql_num="SELECT trade_date,open,high,low,close FROM stocks
where year(trade_date)=2020 and month(trade_date)=6 ORDER BY trade_date asc"
cursor.execute(sql_num)
sh=cursor.fetchall()
for s in sh:
    v1.append([s[0]])
for s in sh:
    v2.append([s[1],s[2],s[3],s[4]])
data=v2

# 绘制 K 线图

def kline_markline() -> Kline:
    c=(
        Kline()
```

```
            .add_xaxis(v1)
            .add_yaxis(
                "企业股票收盘价",
                data,
                markline_opts=opts.MarkLineOpts(
                    data=[opts.MarkLineItem(type_="max",value_dim="close")]
                ),
            )
            .set_global_opts(
                xaxis_opts=opts.AxisOpts(is_scale=True,axislabel_opts=opts.
                LabelOpts(font_size=16)),
                yaxis_opts=opts.AxisOpts(
                    is_scale=True,
                    axislabel_opts=opts.LabelOpts(font_size=16),
                    splitarea_opts=opts.SplitAreaOpts(
                        is_show=True,
                        areastyle_opts=opts.AreaStyleOpts(opacity=1)
                    ),
                ),
                datazoom_opts=[opts.DataZoomOpts(pos_bottom="-2%")],
                title_opts=opts.TitleOpts(title="2020 年 6 月企业股票价格走势 ",
title_textstyle_opts=opts.TextStyleOpts(font_size=20)),
                toolbox_opts=opts.ToolboxOpts(),

                legend_opts=opts.LegendOpts(is_show=True,item_width=40,
                item_height=20,textstyle_opts=opts.TextStyleOpts(font_size=16)))
            .set_series_opts(label_opts=opts.LabelOpts(font_size=16))
            )
    return c

# 第一次渲染时调用 load_javascript 文件
kline_markline().load_javascript()
# 展示数据可视化图表
kline_markline().render_notebook()
```

在 JupyterLab 中运行上述代码，生成的 K 线图如图 4-4 所示。

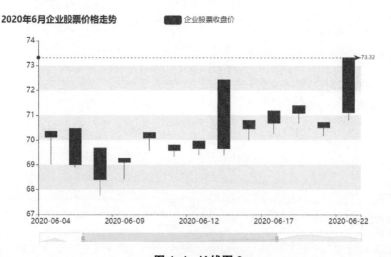

图 4-4　K 线图 2

>>>>>>>>>>>> # 4.3 OHLC 图法

4.3.1 OHLC 图及其应用场景

1. OHLC 图简介

OHLC 图，其中 O 表示开盘价，H 表示最高价，L 表示最低价，C 表示收盘价。OHLC 图以竖立的线条表现股票价格的变化，可以呈现"开盘价、最高价、最低价、收盘价"，竖线呈现最高价和最低价间的价差间距，左侧横线代表开盘价，右侧横线代表收盘价，绘制上较 K 线图更简单。

OHLC 图法

2. 应用场景

OHLC 图主要应用于外汇等市场，显示货币的价格变化。例如，2020 年 10 月 30 日恒生指数（由香港股市中较优质的 50 只成分股构成的股票指数）的 30 分钟行情图，即包括开盘价、最高价、最低价、收盘价等的 OHLC 图，如图 4-5 所示。

图 4-5 OHLC 图 1

4.3.2 Python 案例实战

为了分析某企业的股票价格走势，我们可以使用企业股票信息表（stocks.xls）中的数据，该表包含交易日期、开盘价、最高价、最低价、收盘价等字段，并利用 Seaborn 库绘制 2020 年上半年企业股票价格走势的 OHLC 图，其中横轴表示日期，纵轴表示股票价格，代码如下。

```
# 导入相关库
import pandas as pd
import seaborn as sns
import matplotlib.pyplot as plt

# 设置尺寸
plt.figure(figsize=(11,7))
# 设置显示中文
sns.set_style('darkgrid',{'font.sans-serif':['SimHei','Arial']})
```

```
# 读数据
df_stock=pd.read_excel('D:\Python 数据可视化分析与案例实战 \ch04\stocks.xls')

# 把日期修改为行索引
df_stock.set_index('trade_date',inplace=True)#inplace 表示对数据进行永久改变

# 抽取开盘价、最高价、最低价、收盘价等数据（就是将 DataFrame 变得 " 小 " 一些）
new_df=df_stock.loc[:,['open','high','low','close']]

# 绘制 OHLC 图
plt.title(' 股票价格 OHLC 图 ')
sns.lineplot(data=new_df.iloc[:120])    # 前 120 行数据
```

在 JupyterLab 中运行上述代码，生成的 OHLC 图如图 4-6 所示。

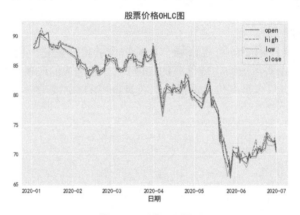

图 4-6　OHLC 图 2

4.4　Renko 图法

4.4.1　Renko 图及其应用场景

1. Renko 图简介

Renko 图是一种根据价格变化来绘制价格走势的图形，它起源于日本，名称来自日文"renga"，该词有"砖头"的意思，故其又被称为砖形图。每块"砖"代表一个价格区间，我们通过 Renko 图能够清楚地看到支撑点和阻力点，可以有效地消除价格波动的干扰。

Renko 图法

当 K 线上产生盘整信号时，Renko 图能有效地进行过滤。一块"砖"代表一个价格区间，那么就意味着一次价格突破。如果股票价格盘整，也就是没有形成价格突破，这时候就不会绘制第二块"砖"，此时技术指标等都不会发出交易信号。

2. 应用场景

Renko 图能用于反映技术指标，它不考虑时间因素，只考虑价格变化，每当价格变化达到设定的点数后，在图形上就出现一块"砖"。设定的点数越小，"砖"越短，

也就越能显示价格变化的细节；设定的点数越大，"砖"越长，则越能过滤掉噪声。

例如，恒生指数每日行情的 Renko 图，如图 4-7 所示。一般绿色的"砖"代表上涨，红色的"砖"代表下跌。如果价格波动幅度值未达到设定的基点，则不会显示相应颜色的"砖"。

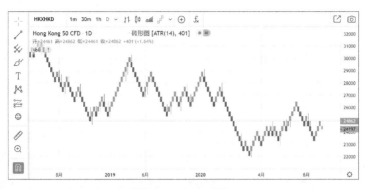

图 4-7　Renko 图 1

4.4.2　Python 案例实战

为了进一步分析某企业的股票价格走势，我们可以使用企业股票信息表（stocks.xls）中的数据，利用 mplfinance 库绘制 2020 年上半年企业股票价格的 Renko 图，其中横轴表示日期，纵轴表示股票价格，代码如下。

```python
# 导入相关库
import pandas as pd
import mplfinance as mpf

# 读取数据
daily=pd.read_excel('D:\Python 数据可视化（微课版）\ch04\stocks.xls',index_col=0,parse_dates=True)
daily.index.name='date'

# 绘图
mpf.plot(daily,type='renko')
```

在 JupyterLab 中运行上述代码，生成的 Renko 图如图 4-8 所示。

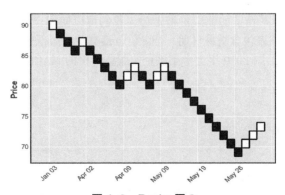

图 4-8　Renko 图 2

> > > > > > > > > > > > # 4.5 MACD 图法

4.5.1 MACD 图及其应用场景

1. MACD 图简介

指数平滑移动平均线（Moving Average Convergence Divergence，MACD）是由美国人杰拉尔德·阿佩尔（Gerald Appel）及弗雷德·海期尔（Fred Hitschler）在 1979 年发明的方法，它在股票、期货等市场的分析方面都有着广泛的应用。

MACD 图法

2. 应用场景

MACD 图是指能反映快速、慢速移动平均线之间的聚合与分离的状况，体现出买进、卖出的时机的图形。图 4-9 所示为某公司股票价格的月度 MACD 图。

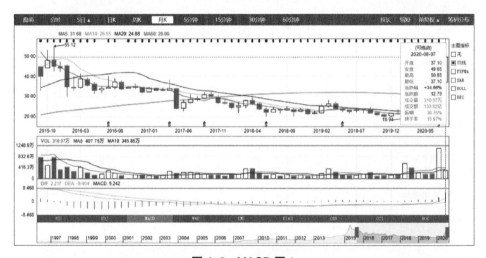

图 4-9 MACD 图 1

4.5.2 Python 案例实战

为了深入分析某企业的股票价格走势，我们可以使用企业股票信息表（stocks.csv）中的数据，该表包含交易日期、开盘价、最高价、最低价、收盘价等字段，并利用 Matplotlib 库绘制 2020 年上半年该企业股票价格的 MACD 图，代码如下。

```python
# 导入相关库
from datetime import datetime
import pylab as pl
import pandas as pd
import matplotlib.pyplot as plt
import matplotlib as mpl

# 导入数据
def import_csv(stock_code):
    df=pd.read_csv(stock_code+'.csv')
```

```
    df.rename(columns={
        'trade_date': 'Date',
        'open':'Open',
        'high':'High',
        'low':'Low',
        'close':'Close',
        'volume':'Volume'},
        inplace=True)
    df.set_index(['Date'],inplace=True)
    return df

stock_code='D:\Python 数据可视化（微课版）\ch04\stocks'
# 数据的规模
scale=100
df=import_csv(stock_code)[-scale:]

# 指数平滑移动平均线
num_periods_fast=10      # 快速 EMA 的时间周期
#K: 平滑常数，取 2/(n+1)
K_fast=2/(num_periods_fast+1)    # 快速 EMA（指数移动平均值）平滑常数
ema_fast=0
num_periods_slow=40      # 慢速 EMA 时间周期
K_slow=2/(num_periods_slow+1)    # 慢速 EMA 平滑常数
ema_slow=0
num_periods_macd=20      #MACD 的 EMA 时间周期
K_macd=2/(num_periods_macd+1)    #MACD 的 EMA 平滑常数
ema_macd=0

ema_fast_values=[]
ema_slow_values=[]
macd_values=[]
macd_signal_values=[]
MACD_hist_values=[]
for close_price in df['Close']:
    if ema_fast==0:
        ema_fast=close_price
        ema_slow=close_price
    else:
        ema_fast=(close_price-ema_fast)*K_fast+ema_fast
        ema_slow=(close_price-ema_slow)*K_slow+ema_slow

    ema_fast_values.append(ema_fast)
    ema_slow_values.append(ema_slow)

    macd=ema_fast-ema_slow
    if ema_macd==0:
        ema_macd=macd
    else:
        ema_macd=(macd-ema_macd)*K_macd+ema_macd
    macd_values.append(macd)
    macd_signal_values.append(ema_macd)
    MACD_hist_values.append(macd-ema_macd)

df=df.assign(ClosePrice=pd.Series(df['Close'],index=df.index))
df=df.assign(FastEMA10d=pd.Series(ema_fast_values,index=df.index))
df=df.assign(SlowEMA40d=pd.Series(ema_slow_values,index=df.index))
```

```
df=df.assign(MACD=pd.Series(macd_values,index=df.index))
df=df.assign(EMA_MACD20d=pd.Series(macd_signal_values,index=df.index))
df=df.assign(MACD_hist=pd.Series(MACD_hist_values,index=df.index))

close_price=df['ClosePrice']
ema_f=df['FastEMA10d']
ema_s=df['SlowEMA40d']
macd=df['MACD']
ema_macd=df['EMA_MACD20d']
macd_hist=df['MACD_hist']

#设置画布，纵向排列的3个子图
fig,ax=plt.subplots(3,1)

#设置标签为显示中文
plt.rcParams['font.sans-serif']=['SimHei']
plt.rcParams['axes.unicode_minus']=False

#调整子图的间距，hspace表示高方向的间距
plt.subplots_adjust(hspace=.1)

#设置第一子图的y轴信息及标题
ax[0].set_ylabel('Close')
ax[0].set_title('股票价格MACD图')
close_price.plot(ax=ax[0],color='g',lw=1.,legend=True,use_index=False)
ema_f.plot(ax=ax[0],color='b',lw=1.,legend=True,use_index=False)
ema_s.plot(ax=ax[0],color='r',lw=1.,legend=True,use_index=False)

#应用同步缩放
ax[1]=plt.subplot(312,sharex=ax[0])
macd.plot(ax=ax[1],color='k',lw=1.,legend=True,sharex=ax[0],use_
index=False)
ema_macd.plot(ax=ax[1],color='g',lw=1.,legend=True,use_index=False)

#应用同步缩放
ax[2]=plt.subplot(313,sharex=ax[0])
df['MACD_hist'].plot(ax=ax[2],color='r',kind='bar',legend=True,sharex=
ax[0])

#给x轴加上标签
plt.xlabel('日期',size=16)
#设置刻度值的字体大小
plt.tick_params(labelsize=13)

#设置坐标间隔
interval=scale // 25
pl.xticks([i for i in range(1,scale,4)],
          [datetime.strftime(i,format='%Y-%m-%d') for i in \
           pd.date_range(df.index[0],df.index[-1],freq='%dd'%
(interval))],rotation=45)

plt.show()
```

在 JupyterLab 中运行上述代码，生成的 MACD 图如图 4-10 所示。

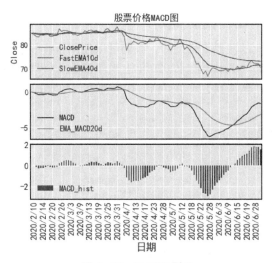

图 4-10 MACD 图 2

> > > > > > > > > > > # 4.6 BOLL 图法

4.6.1 BOLL 图及其应用场景

1. BOLL 图简介

BOLL 图（又称布林带）是由约翰·博林杰（John Bollinger）提出的，它是根据统计学中的标准差原理，被设计出来的一种非常实用的参考技术。它通常由上轨（压力线）、中轨（行情平衡线）和下轨（支撑线）3 条轨道线组成，属于路径式指标。

BOLL 图法

2. 应用场景

BOLL 图建立在移动平均线之上，包含最近的价格波动，这样可以使 BOLL 图适应不同的市场条件。图 4-11 所示为某公司股票价格的周 BOLL 图。

图 4-11 BOLL 图 1

4.6.2　Python 案例实战

为了分析某企业的股票价格走势，我们可以使用企业股票信息表（stocks.csv）中的数据，利用 Matplotlib 库绘制 2020 年上半年该企业股票价格走势的 BOLL 图，其中横轴表示日期，纵轴表示股票价格，代码如下。

```python
# 导入相关库
import pandas as pd
import numpy as np
import matplotlib as mpl
import matplotlib.pyplot as plt
# 设置标签为显示中文
plt.rcParams['font.sans-serif']=['SimHei']
plt.rcParams['axes.unicode_minus']=False

# 导入数据
def import_csv(stock_code):
    df=pd.read_csv(stock_code + '.csv')
    df.rename(columns={
        'trade_date': 'Date',
        'open': 'Open',
        'high': 'High',
        'low': 'Low',
        'close': 'Close',
        'volume': 'Volume'
    },
            inplace=True)
    df.set_index(['Date'],inplace=True)
    return df

stock_code='D:\Python 数据可视化（微课版）\ch04\stocks'
# 数据的规模
scale=300
df=import_csv(stock_code)[-scale:]

# SMA: 简单移动平均
time_period=20    # SMA 的时间周期，默认值为 20
stdev_factor=2    # 上、下频带的标准偏差比例因子
history=[]         # 每个计算周期所需的价格数据
sma_values=[]      # 初始化 SMA 值
upper_band=[]      # 初始化阻力线价格
lower_band=[]      # 初始化支撑线价格

# 构造列表形式的绘图数据
for close_price in df['Close']:
    history.append(close_price)
    # 计算移动平均值时先确保时间周期值不大于 20
    if len(history)>time_period:
        del(history[0])

    # 将计算的 SMA 值存入列表
    sma=np.mean(history)
    sma_values.append(sma)
    # 计算标准差
    stdev=np.sqrt(np.sum((history-sma)**2)/len(history))
    upper_band.append(sma+stdev_factor*stdev)
    lower_band.append(sma-stdev_factor*stdev)
```

```
# 将计算结果合并到 DataFrame
df=df.assign(收盘价=pd.Series(df['Close'],index=df.index))
df=df.assign(中界线=pd.Series(sma_values,index=df.index))
df=df.assign(阻力线=pd.Series(upper_band,index=df.index))
df=df.assign(支撑线=pd.Series(lower_band,index=df.index))

# 绘制图形
ax=plt.figure(figsize=(10,6))
# 设置 y 轴标签
ax.ylabel='%s price in ¥'%(stock_code)

df['收盘价'].plot(color='k',lw=1.,legend=True)
df['中界线'].plot(color='b',lw=1.,legend=True)
df['阻力线'].plot(color='r',lw=1.,legend=True)
df['支撑线'].plot(color='g',lw=1.,legend=True)

# 设置 x 轴标签
plt.xlabel('日期',size=16)
# 设置刻度值的字体大小
plt.tick_params(labelsize=16)
# 设置图例
plt.legend(loc='upper right',fontsize=16)
plt.title('股票价格 BOLL 图',fontsize=20)
plt.show()
```

在 JupyterLab 中运行上述代码，生成的 BOLL 图如图 4-12 所示。

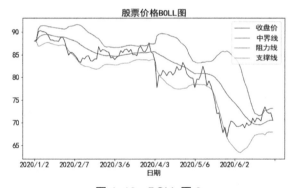

图 4-12   BOLL 图 2

>>>>>>>>>>>
4.7　RSI 图法

4.7.1　RSI 图及其应用场景

1. RSI 图简介

RSI（Relative Strength Index，相对强弱指标）图是由 J. 韦尔斯 – 怀尔德（J.Welles–Wilder）提出并设计的技术分析工具，较早应用于欧美期货市场。

RSI 图法

RSI 的变动范围为 0 ~ 100，通常 80 ~ 100 表示极强卖出信号、50 ~ 80 表示强买入信号、20～50表示弱观望信号、0～20表示极弱买入信号，这里的"极强""强""弱""极弱"是相对的分析概念，用户可以根据个人的偏好进行设置。

此外，短期RSI在20以下水平，由下往上交叉的长期RSI为买入信号；短期RSI在80以上水平，由上往下交叉的长期RSI为卖出信号。

2. 应用场景

RSI图的优点是能够提前提示买卖双方力量的对比情况，通过比较一段时间内收盘指数或收盘价的涨跌变化来分析、测量多空双方买卖力量的强弱程度，从而判断未来股票的走势。图4-13所示为某公司股票价格的日RSI图。

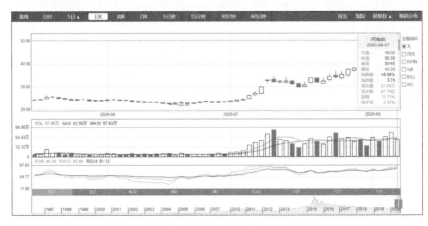

图4-13　RSI图1

4.7.2　Python 案例实战

为了分析某企业的股票价格走势，我们可以使用企业股票信息表（stocks.csv）中的数据，利用Matplotlib库绘制2020年上半年企业股票价格走势的RSI图，其中横轴表示日期，纵轴表示股票的RSI线、RS线和收盘价，代码如下。

```
# 导入相关库
import pandas as pd
import numpy as np
import matplotlib as mpl
import matplotlib.pyplot as plt
# 设置标签为显示中文
plt.rcParams['font.sans-serif']=['SimHei']
plt.rcParams['axes.unicode_minus']=False

# 导入数据
def import_csv(stock_code):
    df=pd.read_csv(stock_code + '.csv',infer_datetime_format=True)
    df.rename(columns={
        'trade_date': 'Date',
        'open': 'Open',
        'high': 'High',
        'low': 'Low',
        'close': 'Close',
        'volume': 'Volume'
    },inplace=True)
```

```
    df.set_index(['Date'], inplace=True)
    return df

stock_code='D:\Python 数据可视化（微课版）\ch04\stocks'
# 数据的规模
scale=300
df=import_csv(stock_code)[-scale:]

time_period=20          # 损益的回溯周期值
gain_history=[]          # 回溯期内的收益历史（无收益为 0，有收益则为收益的幅度）
loss_history=[]          # 回溯期内的损失历史（无损失为 0，有损失则为损失的幅度）
avg_gain_values=[]       # 存储平均收益值以便于图形绘制
avg_loss_values=[]       # 存储平均损失值以便于图形绘制
rsi_values=[]            # 存储算得的 RSI 值
last_price=0
# 当前价-过去价>0，表示收益 (gain)
# 当前价-过去价<0，表示损失 (loss)

# 遍历收盘价以计算 RSI 值
for close in df['Close']:
    if last_price==0:
        last_price=close

    gain_history.append(max(0, close-last_price))
    loss_history.append(max(0, last_price-close))
    last_price=close

    if len(gain_history)>time_period:  # 最大观测值等于回溯周期值
        del (gain_history[0])
        del (loss_history[0])

    avg_gain=np.mean(gain_history)    # 回溯期的平均收益
    avg_loss=np.mean(loss_history)    # 回溯期的平均损失

    avg_gain_values.append(avg_gain)
    avg_loss_values.append(avg_loss)

    # 初始化 RS 值
    rs=0
    if avg_loss>0:          # 避免除数为 0
        rs=avg_gain/avg_loss

    rsi=100-(100/(1+rs))
    rsi_values.append(rsi)

# 将计算所得值合并到 DataFrame
df=df.assign(RSAvgGainOver20D=pd.Series(avg_gain_values,index=df.
index))
    df=df.assign(RSAvgLossOver20D=pd.Series(avg_loss_values,index=df.
index))
    df=df.assign(RSIOver20D=pd.Series(rsi_values,index=df.index))

# 定义画布并添加子图
fig=plt.figure(figsize=(10,7))
ax1=fig.add_subplot(311,ylabel='close')
df['Close'].plot(ax=ax1,color='black',lw=1.5,legend=True)

# 设置刻度值的字体大小
```

```
plt.tick_params(labelsize=16)
plt.legend(loc='upper right',fontsize=16)

# 给 y 轴加上标签
plt.ylabel('Close',size=16,rotation=90,verticalalignment='center')

# 设置同步缩放横轴，便于缩放查看
ax2=fig.add_subplot(312,ylabel='RS',sharex=ax1)
df['RSAvgGainOver20D'].plot(ax=ax2,color='g',lw=1.5,legend=True)
df['RSAvgLossOver20D'].plot(ax=ax2,color='r',lw=1.5,legend=True)
plt.tick_params(labelsize=16)
plt.legend(loc='upper left',fontsize=16)
plt.ylabel('RS',size=16,rotation=90,verticalalignment='center')

ax3=fig.add_subplot(313,ylabel='RSI',sharex=ax1)
df['RSIOver20D'].plot(ax=ax3,color='b',lw=1.5,legend=True)
# 给 x 轴加上标签
plt.xlabel('日期',size=16)
# 给 y 轴加上标签
plt.ylabel('RSI',size=16,rotation=90,verticalalignment='center')
# 设置刻度值的字体大小
plt.tick_params(labelsize=16)
# 设置图例
plt.legend(loc='upper right',fontsize=16)

plt.show()
```

在 JupyterLab 中运行上述代码，生成的 RSI 图如图 4-14 所示。

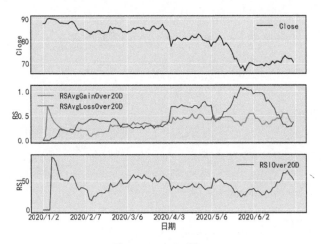

图 4-14　RSI 图 2

4.8　实践训练

实践 1： 使用股票价格表（中国平安 .xls）中的数据，利用 Python 绘制图 4-15

所示的 2020 年上半年中国平安股票价格的 K 线图。

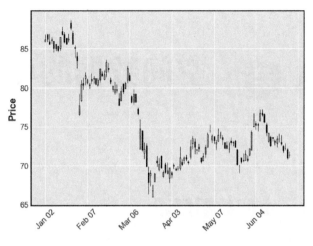

图 4-15　K 线图

　　实践 2： 使用股票价格表（中国平安 .xls）中的数据，利用 Python 绘制图 4-16 所示的 2020 年上半年中国平安股票价格的 OHLC 图。

图 4-16　OHLC 图

CHAPTER 05

第5章 空间数据的可视化

5.1 空间数据概述

5.1.1 空间数据简介

空间数据又称几何数据，它用来表示物体的位置、形态、大小、分布等各方面的信息，是对现实中具有定位意义的事物和现象的定量描述。例如，百度地图有地图模式、卫星模式和全景模式，利用这些模式可以很方便地查看某个位置的交通线路、周边建筑信息等。

空间数据概述

空间数据的类型繁多，主要可以分为地图数据、影像数据、地形数据、属性数据等类型。

（1）地图数据：这类数据主要来源于各种类型的普通地图和专题地图，这些地图的内容非常丰富。

（2）影像数据：这类数据主要来源于卫星、航空遥感，多平台、多层面、多种传感器、多时相、多光谱、多角度和多种分辨率的遥感影像数据构成多元海量数据，它们是空间数据库中较有用、较普通、利用率较低的数据源。

（3）地形数据：这类数据主要来源于地形等高线图的数字化、已建立的数字高程模型（Digital Elevation Model，DEM）和其他实测的地形数据。

（4）属性数据：这类数据主要来源于各类调查统计报告、实测数据、文献资料等。

5.1.2 空间数据可视化概述

空间数据的可视化是指运用计算机图形、图像处理技术，将复杂的科学现象和自然景观及一些抽象概念图形化的过程。具体地说，空间数据的可视化是指利用地图学以及计算机图形、图像技术，将地学信息输入、查询、分析、处理，采用图形、图像，结合图表、文字、报表，以可视化形式实现交互处理和显示的理论、技术与方法。

空间数据的可视化方法主要有三维条形图、三维曲面图、三维散点图、三维等高线等，如图5-1所示。

图5-1 空间数据的可视化方法

>>>>>>>>>>> # 5.2　三维条形图法

5.2.1　三维条形图及其应用场景

1. 三维条形图简介

在 Excel 中，三维条形图一般以三维格式显示水平矩形，而不以三维格式显示数据，它包括三维簇状条形图、三维堆积条形图、三维百分比堆积条形图等类型。

三维条形图法

2. 应用场景

三维条形图使用不同高度的三维条块显示数值的大小。例如，2014—2019 年不同类型商品销售额分析，如图 5-2 所示。

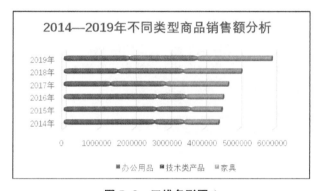

图 5-2　三维条形图 1

5.2.2　Python 案例实战

众所周知，商场等公共场所往往每天都会有很多人进出，也就是客流量较大。而客流量是反映门店人气和价值的重要指标。例如，某超市的负责人为了分析客流量与时间的关系，使用客流量统计器统计一周每天各小时的进店人数，如表 5-1 所示。

表 5-1　一周每天各小时的进店人数

时间	周日	周一	周二	周三	周四	周五	周六
1 时	0	0	0	0	0	0	0
2 时	0	0	0	0	0	0	0
3 时	0	0	0	0	0	0	0
4 时	0	0	0	0	0	0	0
5 时	0	0	0	0	0	0	0
6 时	0	0	9	0	0	8	0
7 时	0	0	0	0	0	0	0
8 时	0	0	0	0	0	10	0
9 时	19	11	0	0	0	0	0
10 时	0	0	0	0	0	0	8

续表

时间	周日	周一	周二	周三	周四	周五	周六
11 时	0	0	0	18	0	0	0
12 时	0	0	0	9	0	4	0
13 时	0	0	0	0	0	0	0
14 时	0	0	0	0	0	0	0
15 时	0	0	0	0	0	0	0
16 时	14	0	0	0	0	0	0
17 时	0	0	5	0	0	0	0
18 时	0	0	0	0	0	6	0
19 时	0	0	0	0	0	0	0
20 时	0	15	7	16	0	0	0
21 时	0	0	0	0	10	0	0
22 时	0	0	0	0	13	0	3
23 时	0	0	0	0	6	0	16
24 时	0	0	0	0	0	0	0

为了研究该超市门店一周的客流量，我们使用 Pyecharts 对客流量数据进行可视化，其中 X 轴表示时间，Y 轴表示周几，Z 轴表示客流量，并用不同颜色表示客流量的大小，代码如下。

```
# 导入相关库
import pyecharts.options as opts
from pyecharts.charts import Bar3D

hours=["1 时","2 时","3 时","4 时","5 时", "6 时", "7 时", "8 时","9 时","10
时", "11 时","12 时","13 时","14 时","15 时","16 时","17 时","18 时","19 时","20
时","21 时","22 时","23 时","24 时"]
days=[" 周日 "," 周一 "," 周二 "," 周三 "," 周四 "," 周五 "," 周六 "]

# 生成三维数据
data=[
    [0,9,19],[0,16,14],[1,9,11],[1,20,15],[2,6,9],
    [2,17,5],[2,20,7],[3,11,18],[3,12,9],[3,20,16],
    [4,21,10],[4,22,13],[4,23,6],[5,6,8],[5,8,10],
    [5,12,4],[5,18,6],[6,10,8],[6,22,3],[6,23,16]]
data=[[d[1],d[0],d[2]] for d in data]

# 绘制图形
(
    Bar3D(init_opts=opts.InitOpts(width="1600px",height="800px"))
    .add(
        series_name="",
        data=data,
        xaxis3d_opts=opts.Axis3DOpts(type_="category",data=hours),
        yaxis3d_opts=opts.Axis3DOpts(type_="category",data=days),
        zaxis3d_opts=opts.Axis3DOpts(type_="value")
    )
    .set_global_opts(
        visualmap_opts=opts.VisualMapOpts(
            max_=20,

            range_color=["#1E90FF","#00BFFF","#FFD700","#FF8C00","#FF0000"])
    )
    .render(" 三维条形图 .html")
)
```

在 JupyterLab 中运行上述代码，生成的三维条形图如图 5–3 所示。

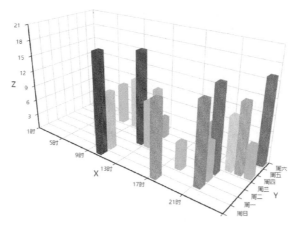

图 5–3　三维条形图 2

三维曲面图法

5.3　三维曲面图法

5.3.1　三维曲面图及其应用场景

1. 三维曲面图简介

三维曲面图是使用 x、y、z 3 个维度绘制的曲面图，在连续曲面上跨两个维度来显示数值的趋势。该类曲面图中的颜色并不代表数据系列，而是代表数值间的差别。

2. 应用场景

三维曲面图使用连续曲面来展示数值的大小。例如，图 5–4 所示为 2020 年各区域商品退单量分析的三维曲面图。

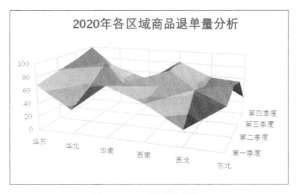

图 5–4　三维曲面图 1

5.3.2 Python 案例实战

为了演示如何使用Python绘制三维曲面图，下面使用surface3d_data( )生成数据，绘制比较绚丽的图形，其中颜色表示数值的大小，代码如下。

```python
# 导入相关库
import math
from typing import Union
import pyecharts.options as opts
from pyecharts.charts import Surface3D

def float_range(start:int,end:int,step:Union[int,float],round_number:
int=2):
    temp=[]
    while True:
        if start<end:
            temp.append(round(start,round_number))
            start+=step
        else:
            break
    return temp

def surface3d_data():
    for t0 in float_range(-5,5,0.05):
        y=t0
        for t1 in float_range(-5,5,0.25):
            x=t1
            z=math.sin(x+y)*x*y/2
            yield [x,y,z]

(
    Surface3D(init_opts=opts.InitOpts(width="1600px",height="800px"))
    .add(
        series_name="",
        shading="color",
        data=list(surface3d_data()),
        xaxis3d_opts=opts.Axis3DOpts(type_="value"),
        yaxis3d_opts=opts.Axis3DOpts(type_="value"),
        grid3d_opts=opts.Grid3DOpts(width=80,height=40,depth=80)
    )
    .set_global_opts(
        visualmap_opts=opts.VisualMapOpts(
            dimension=2,
            max_=1,
            min_=-1,
            range_color=["#1E90FF","#00BFFF","#FFD700","#FF8C00","#FF0000"]
        )
    )
    .render(" 三维曲面图 .html")
)
```

在 JupyterLab 中运行上述代码，生成的三维曲面图如图 5-5 所示。

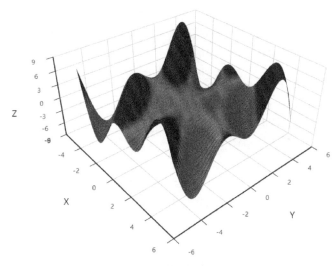

图 5-5　三维曲面图 2

>>>>>>>>>> # 5.4　三维散点图法

5.4.1　三维散点图及其应用场景

1. 三维散点图简介

三维散点图是使用 x、y、z 3 个维度绘制的散点图，在连续曲面上跨两个维度来显示数值的趋势。该类三维散点图中的颜色并不代表数据系列，而是代表数值间的差别。

三维散点图法

2. 应用场景

当需要在三维空间绘制多个变量的关系图时，例如使用 SAS 公司的 JMP 绘制销售额（sales）、利润额（profit）、销售量（amount）和折扣（discount）4 个变量的三维散点图，如图 5-6 所示。

5.4.2　Python 案例实战

当需要对商品的销售额、利润额和订单量进行深入研究时，我们可以使用绘制三维散点图的方法。例如需要对某商品一周的销售情况进行分析，经营数据如表 5-2 所示。

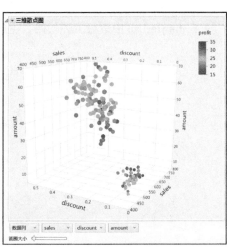

图 5-6　三维散点图 1

表 5-2　经营数据

日期	销售额／元	利润额／元	订单量／个
周一	504.91	28.43	14
周二	495.89	24.28	13
周三	534.61	25.61	15
周四	455.45	24.82	17
周五	425.73	28.86	16
周六	435.61	31.26	11
周日	485.18	27.28	12

为了研究销售额、利润额和订单量三者之间的关系，我们使用 Matplotlib 绘制其三维散点图，其中 x 轴表示订单量、y 轴表示利润额、z 轴表示销售额，并指定每个点的大小和颜色，代码如下。

```
# 导入相关库
import numpy as np
from matplotlib import pyplot as plt

# 三维数据
x=[14,13,15,17,16,11,12]
y=[28.43,24.28,25.61,24.82,28.86,31.26,27.28]
z=[504.91,495.89,534.61,455.45,425.73,435.61,485.18]

# 定义坐标轴
fig=plt.figure(figsize=(13,9))
ax1=plt.axes(projection='3d')

# 绘制散点图
cValue=['r','y','g','b','r','y','g']
ax1.scatter3D(x,y,z,s=200,c=cValue,linewidths=20,marker='o')

# 设置刻度值的字体大小
plt.tick_params(labelsize=13)

plt.show()
```

在 JupyterLab 中运行上述代码，生成的三维散点图如图 5-7 所示。

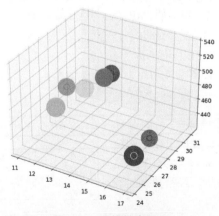

图 5-7　三维散点图 2

> > > > > > > > > > > > # 5.5　三维等高线法

5.5.1　三维等高线及其应用场景

1. 三维等高线简介

等高线指的是地形图上高度相等的相邻各点所连成的闭合曲线。把地面上海拔高度相同的点所连成的闭合曲线，垂直投影到水平面上，并按比例缩绘在图纸上，就得到了等高线。

三维等高线法

等高线也可以看作不同海拔高度的水平面与实际地面的交线，等高线是闭合曲线。在等高线上标注的数字为该等高线的海拔。

2. 应用场景

三维等高线是在三维空间绘制的等高线，它比二维等高线更直观，例如使用 R 语言绘制的三维等高线如图 5-8 所示。

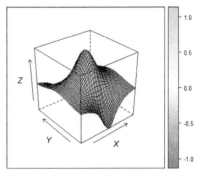

图 5-8　使用 R 语言绘制的三维等高线

5.5.2　Python 案例实战

使用 R 语言绘制的三维等高线不是很美观，我们还可以使用 Python 绘制更加绚丽的图，这里使用的数据是 NumPy 生成的，代码如下。

```python
# 导入相关库
import numpy as np
from matplotlib import pyplot as plt
from mpl_toolkits.mplot3d import Axes3D

# 定义坐标轴
fig4=plt.figure(figsize=(13,9))
ax4=plt.axes(projection='3d')

# 生成三维数据
xx=np.arange(-6,6,0.1)
yy=np.arange(-6,6,0.1)
X,Y=np.meshgrid(xx, yy)
Z=np.sin(np.sqrt(X**2+Y**2))

# 绘制图形
ax4.plot_surface(X,Y,Z,alpha=0.8,cmap='winter')        #alpha 用于控制透明度
ax4.contour(X,Y,Z,zdir='z',offset=-3,cmap="rainbow")   # 生成 z 方向的投影

# 设定显示范围
ax4.set_xlabel('X',size=16)        # 设置坐标轴标签及字体大小
ax4.set_xlim(-6,6)                 # 设置坐标轴范围
ax4.set_ylabel('Y',size=16)
ax4.set_ylim(-6,6)
ax4.set_zlabel('Z',size=16)
ax4.set_zlim(-6,6)

# 设置刻度值的字体大小
plt.tick_params(labelsize=13)

plt.show()
```

在 JupyterLab 中运行上述代码，生成的三维等高线如图 5-9 所示。

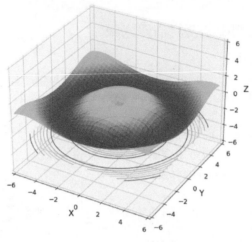

图 5-9　三维等高线

5.6　实践训练

实践1: 使用"2019年区域商品订单量.xls"表中的数据，利用 Python 绘制图 5-10 所示的区域订单量三维条形图。

实践2: 使用"2019年月度销售数据.xls"表中的数据，利用 Python 绘制图 5-11 所示的三维散点图。

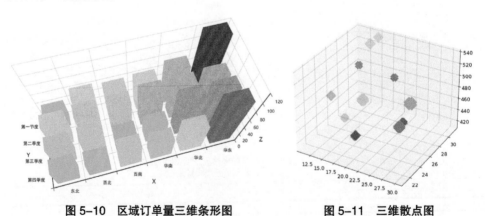

图 5-10　区域订单量三维条形图　　　　图 5-11　三维散点图

第6章 地理数据的可视化

6.1 地理数据概述

6.1.1 地理数据简介

　　地理数据是以地球表面空间位置为参照，描述自然、社会和人文景观的数据。通常，地理数据都包含经纬度数据，把地球表面看成平面，它与空间数据不同，后者需要 3 个维度的坐标才能进行定位。常用的地理数据可视化方法是根据地理数据坐标将地理实体直接标记在地图上，如图 6-1 所示，该图中标记了上海市世纪大道附近的 10 个银行服务网点。

地理数据概述

图 6-1　地理数据

6.1.2 地理数据可视化概述

　　地理数据的可视化反映了地理实体的空间特征和属性特征，其主要有以下两种形式。

1. 位置图的可视化

　　位置图的应用场景较多，它依赖于行政区域的划分，多用于销售分析、公共统计分析、市场分布分析、物流分析等中，一般还会结合商品的位置分布等指标，从而得到其他更有价值的信息。

2. 经纬图的可视化

经纬图与位置图相似，区别是不存在类似行政区域的层级关系，在某种程度上，它更像以地图为背景的散点图。位置图的应用场景大多数也适用于经纬图，但经纬图更偏向于表现具体的点，甚至可以定位到具体的位置。

地理数据的可视化方法主要有热力地图（heat map）、着色地图、三维地图、动态地图和轨迹地图等，如图 6-2 所示。

图 6-2　地理数据的可视化方法

6.2　热力地图法

6.2.1　热力地图及其应用场景

1. 热力地图简介

热力地图法

热力地图，也称为热力图，主要用于展示数据的分布情况。标准的热力地图将两个连续数据分别映射到 x、y 轴，将第 3 个连续数据映射到颜色。

"热力图"一词的诞生最早可以追溯到 1991 年，由软件设计师科马克·金尼（Cormac Kinney）提出，当时热力地图用于实时显示金融市场的信息。

随着现代地图学以及数据统计学的不断发展，热力地图也得到了不断普及，已经成为最常见的地理数据的可视化方法之一。

2. 应用场景

热力地图主要用于直观地显示测量值在整个地理区域内的变化情况，以及变化程度等。例如，可以使用 Excel 中的三维地图功能，绘制 2020 年某企业商品在湖北省各地级市的销售额热力地图。

6.2.2　Python 案例实战

为了分析某企业的商品在湖北省各地级市的销售额是否存在较大差异，我们统计汇总了 2020 年 12 月的相关数据，如表 6-1 所示。

表 6-1　湖北省主要城市的销售额

主要城市	销售额／万元	主要城市	销售额／万元
武汉市	184	荆门市	192
黄石市	131	孝感市	79
十堰市	71	荆州市	83
宜昌市	56	黄冈市	99
襄阳市	65	咸宁市	49
鄂州市	52	随州市	79

为了研究该企业商品在湖北省主要城市的销售额情况，我们使用 Pyecharts 库绘制 2020 年 12 月商品销售额的热力地图，背景是湖北省地图，主要城市上圆圈的颜色深浅表示销售额的大小，代码如下。

```
# 导入相关库
from pyecharts import options as opts
from pyecharts.charts import Geo
from pyecharts.globals import ChartType

c=(
    Geo()
    .add_schema(maptype=" 湖北 ")
    .add(
        "",
        [(" 武汉市 ",184),(" 荆门市 ",192),(" 黄石市 ",131),(" 孝感市 ",79),
         (" 十堰市 ",71),(" 荆州市 ",83),(" 宜昌市 ",56),(" 黄冈市 ",99),(" 襄阳
         市 ",65),(" 咸宁市 ",49),(" 鄂州市 ",52),(" 随州市 ",79)],
        type_=ChartType.HEATMAP
    )
    .set_series_opts(label_opts=opts.LabelOpts(is_show=True))
    .set_global_opts(visualmap_opts=opts.VisualMapOpts(),
    title_opts=opts.TitleOpts(title=" 湖北省主要城市销售额的热力地图 ")
    )
    .render(" 热力地图 .html")
)
```

在 JupyterLab 中运行上述代码，即可生成相应的热力地图。

6.3　着色地图法

6.3.1　着色地图及其应用场景

1. 着色地图简介

着色地图是指按照数值的大小为地图中的每一个区域分配一种颜色，使得地图相邻区域间具有不同的颜色，从而方便比较和展示不同地区数值大小的图。

着色地图法

2. 应用场景

着色地图主要用于直观地显示测量值在各个区域的变化情况。例如，可以使用 Excel 中的三维地图功能，绘制 2020 年 9 月某企业在湖北省、湖南省、江西省和安徽省 4 个省份商品利润额的着色地图。

6.3.2　Python 案例实战

为了分析某企业的商品在湖北省主要城市的利润额是否存在较大差异，我们统计汇总了 2020 年 12 月的相关数据，如表 6-2 所示。

表 6-2　湖北省主要城市的利润额

主要城市	利润额 / 万元	主要城市	利润额 / 万元
武汉市	18.4	荆门市	19.2

续表

主要城市	利润额 / 万元	主要城市	利润额 / 万元
黄石市	13.1	孝感市	14.9
十堰市	7.1	荆州市	8.3
宜昌市	15.6	黄冈市	9.9
襄阳市	6.5	咸宁市	4.9
鄂州市	5.2	随州市	11.9

　　为了研究该企业商品在湖北省主要城市的利润额情况，我们使用 Pyecharts 库绘制 2020 年 12 月商品利润额的着色地图，背景是湖北省地图，主要城市区域的不同颜色表示利润额的大小，代码如下。

```
# 导入相关库
from pyecharts import options as opts
from pyecharts.charts import Map

c=(
Map()
.add("",
    [("武汉市",18.4),("荆门市",19.2),("黄石市",13.1),("孝感市",14.9),
    ("十堰市",7.1),("荆州市",8.3),("宜昌市",15.6),("黄冈市",9.9),
    ("襄阳市",6.5),("咸宁市",4.9),("鄂州市",5.2),("随州市",11.9)],"湖北")
.set_global_opts(title_opts=opts.TitleOpts
                (title="湖北省主要城市利润额的着色地图"),
                visualmap_opts=opts.VisualMapOpts(max_=20,
                is_piecewise=True)
    )
    .render("着色地图.html")
)
```

在 JupyterLab 中运行上述代码，即可生成相应的着色地图。

6.4　三维地图法

6.4.1　三维地图及其应用场景

1. 三维地图简介

三维地图是指基于地理数据，按照一定的比例对现实世界的三维抽象化描述图。

三维地图法

2. 应用场景

当需要将数据立体地展示在地图上时，就可以使用三维地图。例如，可以使用 Excel 中的三维地图功能，绘制 2020 年第四季度某企业商品在湖北省主要城市的销售额三维地图。

6.4.2　Python 案例实战

为了分析某企业商品在湖北省主要城市的客户满意度情况，我们统计汇总了 2020 年 12 月的相关数据，如表 6-3 所示。

表 6-3　湖北省主要城市的客户满意度

主要城市	客户满意度 / 分	主要城市	客户满意度 / 分
武汉市	95	荆门市	94
黄石市	92	孝感市	88
十堰市	91	荆州市	90
宜昌市	99	黄冈市	99
襄阳市	92	咸宁市	72
鄂州市	76	随州市	95

为了研究该企业商品在湖北省主要城市的客户满意度情况，我们使用 Pyecharts 库绘制 2020 年 12 月客户满意度的三维地图，背景是湖北省地图，主要城市区域的不同颜色表示不同的客户满意度，代码如下。

```
# 导入相关库
from pyecharts import options as opts
from pyecharts.charts import Map
from pyecharts.faker import Faker
from pyecharts.charts import Map3D
from pyecharts.globals import ChartType
from pyecharts.commons.utils import JsCode
from pyecharts.datasets import register_url
from pyecharts.charts import HeatMap

satisfaction=[[" 武汉市 ",95],[" 荆门市 ",94],
              [" 黄石市 ",92],[" 孝感市 ",88],
              [" 十堰市 ",91],[" 荆州市 ",90],
              [" 宜昌市 ",99],[" 黄冈市 ",99],
              [" 襄阳市 ",92],[" 咸宁市 ",72],
              [" 鄂州市 ",76],[" 随州市 ",95]]

c=(
    Map3D(init_opts=opts.InitOpts(width="850px",height="500px"))
    .add_schema(
        maptype=" 湖北 ",
        itemstyle_opts=opts.ItemStyleOpts(
            opacity=1,
            border_width=0.8
        ),
        map3d_label=opts.Map3DLabelOpts(
            is_show=False
        ),
        emphasis_label_opts=opts.LabelOpts(
            is_show=False,
            font_size=5
        ),
        light_opts=opts.Map3DLightOpts(
            main_intensity=1.2,
            main_shadow_quality="high",
            is_main_shadow=False,
            main_beta=10,
            ambient_intensity=0.3
        ),
    )

    .add(
```

```
        series_name="",
        maptype=" 湖北 ",
        data_pair=satisfaction,
        is_map_symbol_show=False
    )
    # 不显示地名
    .set_series_opts(label_opts=opts.LabelOpts(is_show=False))
    .set_global_opts(
        title_opts=opts.TitleOpts(
            title=" 湖北省主要城市客户满意度的三维地图 "),
        visualmap_opts=opts.VisualMapOpts(
            min_=60,
            max_=100,
            range_text=["100 分 ","60 分 "],
            is_calculable=False,
            range_color=['#22DDB8',"blue","yellow","red"],pos_top=40
        )
    )
    .render(" 三维地图 .html")
)
```

在 JupyterLab 中运行上述代码，即可生成相应的三维地图。

>>>>>>>>>>>>> 6.5 动态地图法

6.5.1 动态地图及其应用场景

1. 动态地图简介

动态地图是反映自然和人文现象变化的图，动态地图虽表现了客观事物的动态行迹，但在视觉上仍是静止的。

动态地图法

2. 应用场景

当需要显示事物的变化或行迹时就可以使用动态地图。例如，我们使用 Echarts 绘制了上海市主要车站（包括火车站和汽车站）人员流动的动态地图，图形随时间变化而动态变化，如图 6-3 所示。

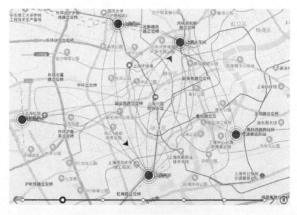

图 6-3 人员流动的动态地图

6.5.2 Python 案例实战

为了研究某企业在湖北省主要城市之间的物流路线，以及 2020 年 12 月货运量的大小，我们统计、汇总了相关数据，分别如表 6-4 和表 6-5 所示。

表 6-4 湖北省主要城市物流路线

孝感市，武汉市	咸宁市，武汉市	孝感市，咸宁市	武汉市，黄冈市	武汉市，宜昌市
武汉市，鄂州市	武汉市，黄石市	武汉市，咸宁市	荆门市，黄石市	武汉市，荆州市
武汉市，十堰市	武汉市，襄阳市	武汉市，随州市	襄阳市，宜昌市	十堰市，宜昌市

表 6-5 湖北省主要城市货运量

主要城市	货运量 / 吨	主要城市	货运量 / 吨
随州市	66	孝感市	77
武汉市	88	咸宁市	100
黄冈市	30	宜昌市	120
鄂州市	77	黄石市	88
襄阳市	100	荆门市	30
十堰市	120	荆州市	66

为了研究湖北省主要城市的货运量情况，我们利用 Pyecharts 库绘制 2020 年 12 月湖北省主要城市的货运量动态地图，背景是湖北省地图，主要城市上的箭头表示物流线路的方向，而且物流线路是动态变化的，代码如下。

```python
# 导入相关库
from pyecharts.faker import Faker
from pyecharts import options as opts
from pyecharts.charts import Geo
from pyecharts.globals import ChartType, SymbolType

c=(
    Geo()
    .add_schema(maptype=" 湖北 ")
    .add(
        "",
        [(" 随州市 ",66),(" 孝感市 ",77),(" 武汉市 ",88),(" 咸宁市 ",100),(
         " 黄冈市 ",30),(" 宜昌市 ",120),(" 鄂州市 ",77),(" 黄石市 ",88),
         (" 襄阳市 ",100),(" 荆门市 ",30),(" 十堰市 ",120),(" 荆州市 ",66)],
        type_=ChartType.EFFECT_SCATTER,
        color="green",
    )
    .add(
        "物流货运量 ",
        [(" 孝感市 "," 武汉市 "),(" 咸宁市 "," 武汉市 "),(" 孝感市 "," 咸宁市 "),
         (" 武汉市 "," 黄冈市 "),(" 武汉市 "," 宜昌市 "),(" 武汉市 "," 鄂州市 "),
         (" 武汉市 "," 黄石市 "),(" 武汉市 "," 咸宁市 "),(" 荆门市 "," 黄石市 "),
         (" 武汉市 "," 荆州市 "),(" 武汉市 "," 十堰市 "),(" 武汉市 "," 襄阳市 "),
         (" 武汉市 "," 随州市 "),(" 襄阳市 "," 宜昌市 "),(" 十堰市 "," 宜昌市 ")],
        type_=ChartType.LINES,
        effect_opts=opts.EffectOpts(
            symbol=SymbolType.ARROW,symbol_size=6,color="blue"
```

```
        ),
        linestyle_opts=opts.LineStyleOpts(curve=0.2),
    )
    .set_series_opts(label_opts=opts.LabelOpts(is_show=False))
    .set_global_opts(title_opts=opts.TitleOpts(title=" 湖北省主要 -
    城市物流路线及货运量 "))
)

c.render(" 动态地图 .html")
```

在 JupyterLab 中运行上述代码，即可生成相应的动态地图。

6.6 轨迹地图法

6.6.1 轨迹地图及其应用场景

1. 轨迹地图简介

轨迹地图可以动态地展示物体（例如汽车、公交车、地铁、飞机等）从初始时刻点到结束时刻点的运动轨迹。

2. 应用场景

当需要在地图上显示汽车、公交车、飞机等物体的运动轨迹时就可以使用轨迹地图。例如，我们使用Echarts模拟绘制了上海市某公交车的轨迹地图，如图6-4所示。

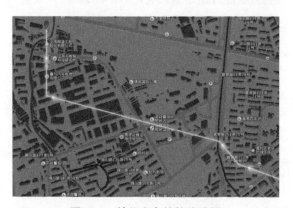

图 6-4　某公交车的轨迹地图

6.6.2 Python 案例实战

上海地铁（Shanghai Metro）是世界范围内线路总长度最长的城市轨道交通系统，我们可以通过 Python 绘制上海地铁的轨迹地图，代码如下。

```
# 导入相关库
import numpy as np
import requests
import math
import time
import plotly.offline as py
```

```python
import plotly.graph_objs as go
from plotly.offline import init_notebook_mode

init_notebook_mode(connected=True)

PI=math.pi

def _transformlat(coordinates):
    lng=coordinates[:,0]-105
    lat=coordinates[:,1]-35
    ret=-100+2*lng+3*lat+0.2*lat*lat+\0.1*lng*lat+
    0.2*np.sqrt(np.fabs(lng))
    ret+=(20*np.sin(6*lng*PI)+20*np.sin(2*lng*PI))*2/3
    ret+=(20*np.sin(lat*PI)+40*np.sin(lat/3*PI))*2/3
    ret+=(160*np.sin(lat/12*PI)+320*np.sin(lat*PI/30.0))*2/3
    return ret

def _transformlng(coordinates):
    lng=coordinates[:,0]-105
    lat=coordinates[:,1]-35
    ret=300+lng+2*lat+0.1*lng*lng+\0.1*lng*lat+0.1*np.sqrt(np.fabs(lng))
    ret+=(20*np.sin(6*lng*PI)+20*np.sin(2*lng*PI))*2/3
    ret+=(20*np.sin(lng*PI)+40*np.sin(lng/3*PI))*2/3
    ret+=(150*np.sin(lng/12*PI)+300*np.sin(lng/30*PI))*2/3
    return ret

def gcj02_to_wgs84(coordinates):
    """
    GCJ-02 转 WGS-84
    :param coordinates: GCJ-02 坐标系的经度和纬度的 numpy 数组
    :returns: WGS-84 坐标系的经度和纬度的 numpy 数组
    """
    ee=0.006693421622965943    # 偏心率的平方
    a=6378245                  # 长半轴
    lng=coordinates[:,0]
    lat=coordinates[:,1]
    is_in_china=(lng>73.66)&(lng<135.05)&(lat>3.86)&(lat<53.55)
    _transform=coordinates[is_in_china]    # 只对不在国内的坐标做偏移

    dlat=_transformlat(_transform)
    dlng=_transformlng(_transform)
    radlat=_transform[:,1]/180*PI
    magic=np.sin(radlat)
    magic=1-ee*magic*magic
    sqrtmagic=np.sqrt(magic)
    dlat=(dlat*180.0)/((a*(1-ee))/(magic*sqrtmagic)*PI)
    dlng=(dlng*180.0)/(a/sqrtmagic*np.cos(radlat)*PI)
    mglat=_transform[:,1]+dlat
    mglng=_transform[:,0]+dlng
    coordinates[is_in_china]=np.array([_transform[:,0]*2-mglng,
    _transform[:,1]*2-mglat]).T
    return coordinates

defbd09_to_gcj02(coordinates):
    """
    BD-09 转 GCJ-02
    :param coordinates:BD-09 坐标系的经度和纬度的 numpy 数组
    :returns:GCJ-02 坐标系的经度和纬度的 numpy 数组
    """
    x_pi=PI*3000/180
    x=coordinates[:,0]-0.0065
    y=coordinates[:,1]-0.006
```

```
        z=np.sqrt(x*x+y*y)-0.00002*np.sin(y*x_pi)
        theta=np.arctan2(y,x)-0.000003*np.cos(x*x_pi)
        lng=z*np.cos(theta)
        lat=z*np.sin(theta)
        coordinates=np.array([lng,lat]).T
        return coordinates

def bd09_to_wgs84(coordinates):
    """
    BD-09 转 WGS-84
    :param coordinates: BD-09 坐标系的经度和纬度的 numpy 数组
    :returns: WGS-84 坐标系的经度和纬度的 numpy 数组
    """
    return gcj02_to_wgs84(bd09_to_gcj02(coordinates))

def mercator_to_bd09(mercator):
    """
    墨卡托转 BD-09
    :param coordinates:GCJ-02 坐标系的经度和纬度的 numpy 数组
    :returns: WGS-84 坐标系的经度和纬度的 numpy 数组
    """
    MCBAND=[12890594.86, 8362377.87,5591021,3481989.83,1678043.12,0]
    MC2LL=[[1.410526172116255e-,8.98305509648872e-06,
            -1.993983 3816331,200.9824383106796,-187.2403703815547,
            91.6087516669843,-23.38765649603339,2.57121317296198,
            -0.03801003308653,17337981.2],[-7.435856389565537e-09,
            8.983055097726239e-06,-0.78625201886289,96.32687599759846,
            -1.85204757529826,-59.36935905485877,47.40033549296737,
            -16.50741931063887,2.28786674699375,10260144.86],
            [-3.030883460898826e-08, 8.98305509983578e-06,
            0.30071316287616,59.74293618442277,7.357984074871,
            -25.38371002664745,13.45380521110908,-3.29883767235584,
            0.32710905363475,6856817.37],
            [-1.981981304930552e-08, 8.983055099779535e-06,
            0.03278182852591,40.31678527705744,0.65659298677277,
            -4.44255534477492,0.85341911805263,0.12923347998204,
            -0.04625736007561,4482777.06],
            [3.09191371068437e-09,8.983055096812155e-06,6.995724062e-05,
            23.10934304144901,-0.00023663490511,
            -0.6321817810242,-0.00663494467273,0.03430082397953,
            -0.00466043876332,2555164.4],
            [2.890871144776878e-09,8.983055095805407e-06,-3.068298e-08,
            7.47137025468032,-3.53937994e-06,
            -0.02145144861037,-1.234426596e-05,0.00010322952773,
            -3.23890364e-06,  826088.5]]

    x=np.abs(mercator[:,0])
    y=np.abs(mercator[:,1])
    coef=np.array([MC2LL[index] for index in (np.tile(y.reshape((-1,1)),
    (1,6))<MCBAND).sum(axis=1)])
     return converter(x,y,coef)

def converter(x,y,coef):
    x_temp=coef[:,0]+coef[:,1]*np.abs(x)
    x_n=np.abs(y)/coef[:,9]
    y_temp=coef[:,2]+coef[:,3]*x_n+coef[:,4]*x_n**2+coef[:,5]*x_n**3+
    coef [:,6]*x_n**4+coef[:,7]*x_n**5+coef[:,8]*x_n**6
    x[x<0]=-1
    x[x>=0]=1
    y[y<0]=-1
    y[y>=0]=1
    x_temp*=x
    y_temp*=y
```

```
        coordinates=np.array([x_temp, y_temp]).T
        return coordinates

    if __name__ == '__main__':
        mapbox_access_token ="pk.eyJ1IjoibHVrYXNtYXJ0aW5lbGxpIiwiYSI6ImNpem8
5dmhwazAyajIyd284dGxhN2VxYnYifQ.HQCmyhEXZUTz3S98FMrVAQ"
        layout=go.Layout(
            autosize=True,
            hovermode='closest',
            mapbox=dict(
                accesstoken=mapbox_access_token,
                bearing=0,
                center=dict(
                    lat=31.235554, # 上海纬度：31.235554
                    lon=121.479641 # 上海经度：121.479641
                ),
                pitch=0,
                zoom=10
            ),
        )

        null=None   # 将 json 中的 null 定义为 None
        city_code=289 # 上海的城市编号 :289
        station_info=requests.get('http://map.baidu.com/?qt=bsi&c=%s&t=%s'%
(city_code, int(time.time()*1000))
        )
        # 将 json 字符串转换为 Python 对象
        station_info_json=eval(station_info.content)
        data=[]  # 绘制数据
        marked=set()
        for railway in station_info_json['content']:
            uid=railway['line_uid']
            if uid in marked:  # 由于线路包括来回两个方向，需要排除已绘制线路的反向线路
                continue

            railway_json=requests.get('https://map.baidu.com/?qt=bsl&tps=
&newmap=1&uid=%s&c=%s'%(uid, city_code))
            # 将 json 字符串转换为 Python 对象
            railway_json=eval(railway_json.content)
            trace_mercator=np.array(
                # 取出线路信息字典，以 "|" 划分后，取出第 3 部分信息，去掉末尾的 ";"，获取
                墨卡托坐标序列
                railway_json['content'][0]['geo'].split('|')[2][ : -1].split(','),
                dtype=float
            ).reshape((-1,2))
            trace_coordinates=bd09_to_wgs84(mercator_to_bd09(trace_mercator))

            plots=[]            # 站台墨卡托坐标
            plots_name=[]       # 站台名称
            for plot in railway['stops']:
                plots.append([plot['x'],plot['y']])
                plots_name.append(plot['name'])
            plot_mercator=np.array(plots)
            plot_coordinates=bd09_to_wgs84(mercator_to_bd09(plot_mercator))
            # 站台经纬度

            #color=railway_json['content'][0]['lineColor']
            # 利用 json 所给线路的颜色
            data.extend([
                # 地铁路线
                go.Scattermapbox(
                    lon=trace_coordinates[:,0],# 路线点经度
```

```
        lat=trace_coordinates[:,1],#路线点纬度
        mode='lines',
        name=railway['line_name'], #线路名称，显示在图例上
        legendgroup=railway['line_name']
    ),

    # 地铁站台
    go.Scattermapbox(
        lon=plot_coordinates[:,0],#站台经度
        lat=plot_coordinates[:,1],#站台纬度
        mode='markers',

        text=plots_name,
        name=railway['line_name'],
        #线路名称，显示在图例及鼠标指针在标记点上时的路线名上
        legendgroup=railway['line_name'],
        #设置与路线同组，当隐藏该路线时隐藏标记点
        showlegend=False  # 不显示图例
    )
])

marked.add(uid) # 添加已绘制线路的 uid
marked.add(railway['pair_line_uid']) # 添加已绘制线路反向线路的 uid

fig=dict(data=data, layout=layout)
py.plot(fig, filename=' 上海地铁的轨迹地图 .html') # 生成 .html 文件并打开
```

在 JupyterLab 中运行上述代码，生成的上海地铁轨迹地图如图 6-5 所示。

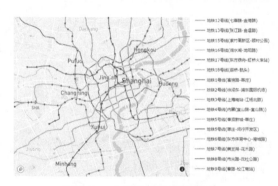

图 6-5　上海地铁的轨迹地图

6.7　实践训练

实践 1： 使用"湖南省数据 .txt"中的数据，利用 Python 绘制 2020 年湖南省各地级市商品销售额的热力地图。

实践 2： 使用"湖南省数据 .txt"中的数据，利用 Python 绘制 2020 年湖南省各地级市商品利润额的着色地图。

实践 3： 使用"湖南省数据 .txt"中的数据，利用 Python 绘制湖南省各地级市地理位置的三维地图。

第 3 篇　非时空数据篇

近年来，由于传感器和移动设备等的普遍使用，非时空数据急剧增长。非时空数据是指不同时具有时间和空间维度的数据，如层次数据、网络数据、多元数据、文本数据等。本篇我们将介绍非时空数据的可视化方法。

第 7 章　层次数据的可视化

>>>>>>>>>>>

7.1　层次数据概述

7.1.1　层次数据简介

层次数据是一种常见的数据类型，主要用于显示个体之间的层次关系。这种关系表现为包含关系和从属关系两种，在生活中也会经常看到。例如，学校包含多个年级，每个年级又包含很多学生；在企业等组织机构中，同样存在着分层的从属关系，企业架构如图 7-1 所示。层次数据概述

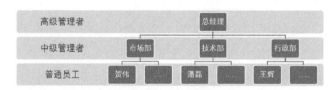

图 7-1　企业架构

7.1.2　层次数据可视化概述

在层次数据中，由于层次数量越来越多导致底层的数据节点呈指数级增长，因此，在有限的区域内可视化展示大量数据会造成图形的重叠，从而降低图形的观感。所以对层次数据的可视化研究，有助于人们通过将数据信息分类、分级寻找出数据之间蕴含的层级关系，从而帮助人们更好地理解大量信息，掌握更多的数据规律。

层次数据的可视化重点是对数据中的层次关系进行绘图，目前常用的方法有树状图、旭日图、和弦图，如图 7-2 所示。此外，还有径向树、双曲树、相邻层次图、弹性层次法等方法。限于本书篇幅，本章我们不对每种方法进行详细的介绍，具体释义可以参考陈为等人编著的《数据可视化》第 9 章的相关内容。

图 7-2　层次数据的可视化方法

>>>>>>>>>>> 7.2　树状图法

7.2.1　树状图及其应用场景

1. 树状图简介

树状图采用矩形表示层次结构的节点，父子层次关系用矩阵间的相互嵌套来表达。从根节点开始，空间根据相应的子节点数量被分为多个矩形，矩形面积大小对应节点属性。每个矩形又按照相应节点的子节点递归地进行分割，直到叶子节点为止。

树状图法

树状图图形紧凑，在同样大小的画布中可以展现较多信息，并且可以展现成员间的权重，但是也存在不够直观、明确，不像树图那么清晰，类型占比较小时不容易排布等缺点。

2. 应用场景

树状图在嵌套的矩形中显示数据，它适合展现具有层级关系的数据，能够直观体现同级之间的数据比较。例如，使用 Tableau 绘制不同类别商品利润额的树状图，如图 7-3 所示。

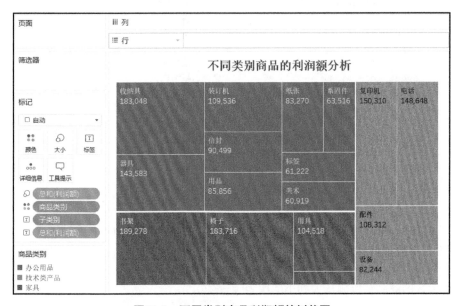

图 7-3　不同类别商品利润额的树状图

7.2.2　Python 案例实战

为了研究 2020 年上半年某企业在全国 6 个大区的商品销售情况，我们使用存储在 MySQL 数据库的订单表（orders）中的数据，利用 Matplotlib 库绘制区域销售额的树状图，其中每个区域的大小和不同颜色都表示销售额的大小，代码如下。

```
# 导入相关库
import pandas as pd
import matplotlib as mpl
import matplotlib.pyplot as plt
mpl.rcParams['font.sans-serif']=['SimHei']       # 显示中文
plt.rcParams['axes.unicode_minus']=False         # 正常显示负号
import squarify
import pymysql

# 连接 MySQL 数据库
conn=pymysql.connect(host='127.0.0.1',port=3306,user='root',
password='root',db='sales',charset='utf8')
# 读取订单表数据
sql="SELECT region,ROUND(SUM(sales)/10000,2) as sales FROM orders
where dt=2020 GROUP BY region order by sales desc"
df=pd.read_sql(sql,conn)

plt.figure(figsize=(11,7))                       # 设置图形大小
colors=['Coral','Gold','LawnGreen','LightSkyBlue','LightSteelBlue',
'CornflowerBlue']                                # 设置颜色数据
plot=squarify.plot(
    sizes=df['sales'],                           # 指定绘图数据
    label=df['region'],                          # 指定标签
    color=colors,                                # 指定自定义颜色
    alpha=0.9,                                    # 指定透明度
    value=df['sales'],                           # 添加数值标签
    edgecolor='white',                           # 设置边框为白色
    linewidth=8                                  # 设置边框宽度为 3
)

plt.rc('font',size=16)                           # 设置标签大小
plot.set_title('2020 年上半年各地区商品销售额统计',fontdict={'fontsize':20})
# 设置标题及字体大小
plt.axis('off')                                          # 去除坐标轴
plt.tick_params(top='off',right='off')           # 去除上边框和右边框刻度
plt.show()
```

在 JupyterLab 中运行上述代码，生成图 7-4 所示的树状图。从图 7-4 中可以看出：在 2020 年上半年，企业在 6 个大区的商品销售额从大到小依次为中南地区 64.33 万元、华东地区 55.34 万元、东北地区 51.24 万元、华北地区 45.21 万元、西南地区 20.85 万元、西北地区 8.03 万元。

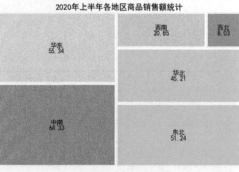

图 7-4　树状图

>>>>>>>>>>>>> # 7.3　旭日图法

7.3.1　旭日图及其应用场景

1. 旭日图简介

旭日图可以展示多级数据，具有独特的外观。它是一种现代饼图，超越传统的饼图和环图，能表达清晰的层级和归属关系，以父子层次结构来显示数据构成情况。

旭日图法

2. 参数说明

Pyecharts 旭日图的参数配置如表 7-1 所示。

表 7-1　旭日图参数配置

参数	说明
series_name	系列名称，用于 tooltip 的显示、legend 的图例筛选
data_pair	数据项
center	旭日图的中心（圆心）坐标，数组的第一项是横坐标，第二项是纵坐标
radius	旭日图的半径。数组的第一项是内半径，第二项是外半径
highlight_policy	当鼠标指针移动到扇形块上时，可以高亮相关的扇形块
node_click	单击节点后的行为
sort	扇形块根据数据 value 的排序方式
levels	旭日图多层级配置
label_opts	标签配置项
itemStyle	旭日图的样式

3. 应用场景

旭日图离原点越近表示级别越高，相邻两层中是内层包含外层的关系。利用旭日图可以细分溯源分析数据，真正了解数据的具体构成。例如，使用百度 Echarts 可视化工具绘制的图书分类旭日图，如图 7-5 所示。

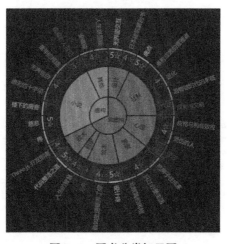

图 7-5　图书分类旭日图

7.3.2 Python 案例实战

通过可视化技术可以清晰显示家庭成员之间的相互关系，主要家庭成员如表7-2所示。

表 7-2 主要家庭成员

爷爷、奶奶	爸爸、妈妈	哥哥张伟	
		我	
	张叔叔、李阿姨	表哥张政	表侄张佳
		表姐张意涵	表侄张文海
		表妹张诗诗	

为了可视化家庭成员之间的层级关系，我们使用Pyecharts绘制家庭成员旭日图，其中处于同一个环上的成员家庭辈分一样，代码如下。

```python
# 声明Notebook类型，必须在引入pyecharts.charts等模块前声明
from pyecharts.globals import CurrentConfig,NotebookType
CurrentConfig.NOTEBOOK_TYPE=NotebookType.JUPYTER_LAB

from pyecharts import options as opts
from pyecharts.charts import Sunburst

def sunburst()->Sunburst:
    data=[
        opts.SunburstItem(
            name=" 爷爷奶奶 ",
            children=[
                opts.SunburstItem(
                    name=" 张叔叔李阿姨 ",
                    value=15,
                    children=[
                        opts.SunburstItem(name=" 表妹张诗诗 ",value=2),
                        opts.SunburstItem(
                            name=" 表哥张政 ",
                            value=5,
                            children=[opts.SunburstItem(name=" 表侄张佳 ",value=2)],
                        ),
                        opts.SunburstItem(name=" 表姐张意涵 ",value=4,
                            children=[opts.SunburstItem(name=" 表侄张文海 ",value=2)],
                        ),
                    ],
                ),
                opts.SunburstItem(
                    name=" 爸爸妈妈 ",
                    value=10,
                    children=[
                        opts.SunburstItem(name=" 我 ",value=5),
                        opts.SunburstItem(name=" 哥哥张伟 ",value=3),
                    ],
                ),
            ],
        ),
```

```
    ]
    c=(
        Sunburst()
        .add(series_name="我的家庭成员旭日图",data_pair=data,radius=[0,"85%"])
        .set_global_opts(title_opts=opts.TitleOpts(title=" 我的家庭成员旭日图 "),
                        toolbox_opts=opts.ToolboxOpts())
        .set_series_opts(label_opts=opts.LabelOpts(formatter="{b}"))
    )
    return c
# 第一次渲染时调用 load_javascript 文件
sunburst().load_javascript()
# 展示数据可视化图表
sunburst().render_notebook()
```

在 JupyterLab 中运行上述代码，生成的旭日图如图 7–6 所示。

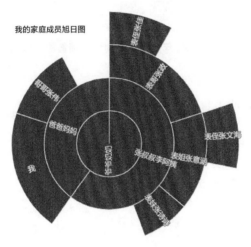

图 7–6 旭日图

>>>>>>>>>>>>

7.4 和弦图法

7.4.1 和弦图及其应用场景

1. 和弦图简介

和弦图是显示数据之间相互关系的图，实体之间的相交部分用来表示它们共享的元素。

2. 应用场景

和弦图适合用于比较数据集之间或不同数据组之间的相似性。例如，使用 Microsoft Power BI 绘制 2020 年上半年不同地区销售额的和弦图，如图 7–7 所示。

和弦图法

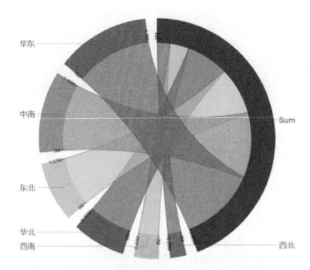

图7-7　2020年上半年不同地区销售额的和弦图

7.4.2　Python 案例实战

为了研究客户在购买商品后的分享情况，我们整理了 2020 年 9 月重要客户的历史分享数据，文件为 JSON 格式，如图 7-8 所示。

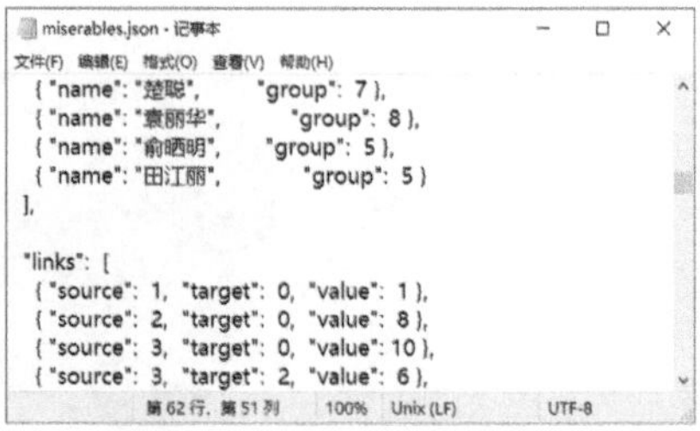

为了可视化客户购买商品后分享购买体验的数量，我们使用 Pyecharts 库绘制 2020 年 9 月客户分享购买体验的和弦图，其中客户名称间有连线的表示存在分享关系，连线越多的客户表示分享越多，代码如下。

图7-8　客户的历史分享数据

```
# 导入相关库
import json
from pyecharts import options as opts
from pyecharts.charts import Graph

with open("D:/Python 数据可视化（微课版）/ch07/miserables.json","r",
encoding= "utf-8")asf:
    j=json.load(f)
    nodes=j["nodes"]
    links=j["links"]

c=(
    Graph(init_opts=opts.InitOpts(width="550px",height="550px"))
    .add(
        "",
        nodes=nodes,
        links=links,
        layout="circular",
        is_rotate_label=True,
        linestyle_opts=opts.LineStyleOpts(color="source",curve=0.4),
```

```
        label_opts=opts.LabelOpts(position="right")
    )
    .set_global_opts(
        title_opts=opts.TitleOpts(title="2020 年 9 月客户分享和弦图 ",
        title_textstyle_opts=opts.TextStyleOpts(font_size=20)),
        legend_opts=opts.LegendOpts(orient="vertical",pos_left="20%",
        pos_top="20%")
    )
    .render(" 和弦图 .html")
)
```

在 JupyterLab 中运行上述代码，生成的客户分享和弦图如图 7-9 所示。

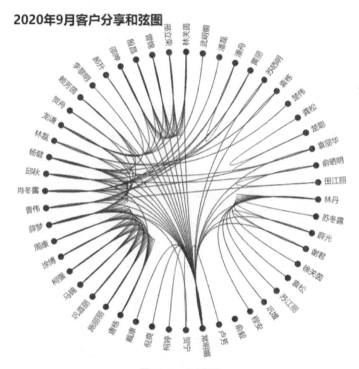

图 7-9　和弦图

>>>>>>>>>>>

7.5　实践训练

实践 1： 使用"退单量 .xls"表中的数据，利用 Python 绘制图 7-10 所示的 2020 年 9 月不同类型商品退单量分析的树状图。

实践 2： 使用"产品类别 .txt"中的数据，利用 Python 绘制图 7-11 所示的产品类别及子类别的旭日图。

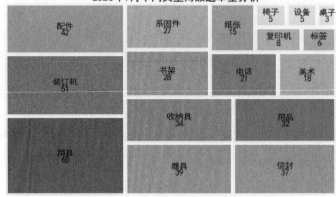

图 7-10　2020 年 9 月不同类型商品退单量分析的树状图

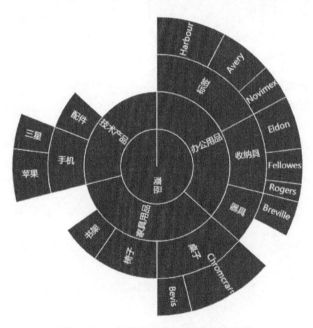

图 7-11　产品类别及子类别的旭日图

CHAPTER 08

第8章 网络数据的可视化

8.1 网络数据概述

8.1.1 网络数据简介

树状结构能表达层次结构关系，而不具备层次结构的关系数据可统称为网络数据。比起层次数据，网络数据可以用于表达更加复杂、灵活的关系。

网络数据概述

网络数据是现实世界中最常用的数据类型之一，例如人与人之间的关系、城市之间的道路连接、科研论文之间的引用都组成了"网络"。中国知网中论文之间的引文网络包括引文网络和参考引证图谱，图 8-1 显示了中国知网中某篇论文的参考引证图谱。

图 8-1　参考引证图谱

8.1.2 网络数据可视化概述

网络数据通常用图来表示，该图由节点的非空集合和顶点之间边的集合组成，可记为 $G(V, E)$，其中，G 表示图，V 是图 G 中顶点的集合，E 是图 G 中边的集合。

通常，在数据分析过程中，网络数据使用无向图、有向图和社交网络图进行可视化。

>>>>>>>>>>>>> # 8.2 无向图法

8.2.1 无向图及其应用场景

1. 无向图简介

通常，图是由数个顶点和数条边组成的，其中无向图的边是没有方向的，即两个相连的顶点可以"互相抵达"，如图 8-2 所示。

无向图法

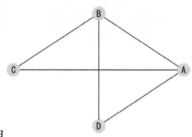

图 8-2 无向图 1

2. 应用场景

当实体之间的联系没有方向时，就可以使用无向图，例如朋友圈联系图。

8.2.2 Python 案例实战

为了研究公司数据分析组的沟通情况，我们收集了 2020 年 10 月数据分析组内部成员的沟通记录，如表 8-1 所示。

表 8-1 成员沟通记录

林丹，苏冬露	俞毅，常明媚	邢伟，常明媚
常明媚，林丹	常明媚，吕婵娟	苏冬露，常明媚
林丹，周康	苏冬露，俞毅	吕婵娟，邢伟
林丹，俞毅	吕婵娟，俞毅	

为了研究内部成员的沟通情况，我们使用 NetworkX 库绘制内部成员沟通的无向图，其中成员之间有连线的，表示成员之间存在沟通关系，连线越多的成员表示沟通越多，代码如下。

```
# 导入相关库
import networkx as nx
import matplotlib.pyplot as plt
plt.rcParams['font.sans-serif']=['SimHei']
plt.figure(figsize=(11,8))
G=nx.DiGraph()
G.add_edges_from(
    [('林丹','苏冬露'),('俞毅','常明媚'),('邢伟','常明媚'),
     ('常明媚','林丹'),('常明媚','吕婵娟'),('苏冬露','常明媚'),
     ('林丹','周康'),('苏冬露','俞毅'),('吕婵娟','邢伟'),
     ('林丹','俞毅'),('吕婵娟','俞毅')])

val_map={'A':0.3,'D':0.6714285714285714,'H': 0.8}
values=[val_map.get(node,0.25) for node in G.nodes()]

red_edges=[('林丹','俞毅'),('吕婵娟','俞毅')]
edge_colours=['black' if not edge in red_edges else 'red' for edge in
G.edges()]
black_edges=[edge for edge in G.edges() if edge not in red_edges]

pos=nx.circular_layout(G)
```

```
nx.draw_networkx_nodes(G,pos,cmap=plt.get_cmap('jet'),
node_color= 'GoldEnrod',node_size=1300)
nx.draw_networkx_labels(G,pos,font_size=13)
nx.draw_networkx_edges(G,pos,edgelist=red_edges,
edge_color= 'r',arrows=False)
nx.draw_networkx_edges(G,pos,edgelist=black_edges,arrows=False)
plt.axis('off')
plt.show()
```

在 JupyterLab 中运行上述代码，生成的无向图如图 8-3 所示。

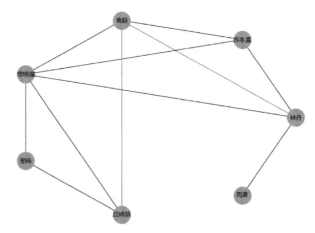

图 8-3　无向图 2

> > > > > > > > > > > # 8.3　有向图法

8.3.1　有向图及其应用场景

1．有向图简介

　　由有方向的边组成的图称为有向图，如图 8-4 所示。有向图中，以某节点为起点的边的条数称为该节点的出度；以该节点为终点的边的条数称为该节点的入度。该节点的度是入度和出度之和。

有向图法

2．应用场景

　　与无向图不同，当实体之间的联系有方向性时，就需要使用有向图，例如粉丝关注图。

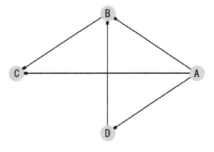

图 8-4　有向图 1

8.3.2　Python 案例实战

　　为了更加深入地研究成员的沟通频次及沟通的方向性（即主动沟通还是被动沟

通），我们收集了 2020 年 10 月数据分析组内部成员沟通记录的详细数据，如表 8-2 所示。

表 8-2　成员沟通记录

主动沟通 - 被动沟通				度
林丹，苏冬露	俞毅，常明娟	邢伟，常明娟		21
常明娟，林丹	常明娟，吕婵娟	苏冬露，常明娟	林丹，周康	36
苏冬露，俞毅	吕婵娟，邢伟			39
林丹，俞毅	吕婵娟，俞毅			96

为了研究数据分析组内部成员的沟通情况和方向，我们绘制带权重的内部成员沟通情况的有向图，其中箭尾的成员是主动沟通，箭头指向的成员是被动沟通，箭头上的数值表示权重（度），代码如下。

```python
# 导入相关库
import networkx as nx
import numpy as np
import matplotlib.pyplot as plt
plt.rcParams['font.sans-serif']=['SimHei']
import pylab

plt.figure(figsize=(11,7))
G=nx.DiGraph()

G.add_edges_from([(' 林丹 ',' 苏冬露 '),(' 俞毅 ',' 常明娟 '),
                  (' 邢伟 ',' 常明娟 ')], weight=21)
G.add_edges_from([(' 常明娟 ',' 林丹 '),(' 常明娟 ',' 吕婵娟 '),
                  (' 苏冬露 ',' 常明娟 '),(' 林丹 ',' 周康 ')],weight=36)
G.add_edges_from([(' 苏冬露 ',' 俞毅 '),(' 吕婵娟 ',' 邢伟 ')],weight=39)
G.add_edges_from([(' 林丹 ',' 俞毅 '),(' 吕婵娟 ',' 俞毅 ')],weight=96)

val_map={'A':0.3,'D': 0.6714285714285714,'H':0.8}
values=[val_map.get(node,0.95) for node in G.nodes()]
edge_labels=dict([((u,v,),d['weight']) for u,v,d in G.edges(data=True)])
red_edges=[(' 林丹 ',' 俞毅 '),(' 吕婵娟 ',' 俞毅 ')]
edge_colors=['black' if not edge in red_edges else 'red' for edge in G.edges()]
black_edges=[edge for edge in G.edges()if edge not in red_edges]

pos=nx.circular_layout(G)
nx.draw_networkx_edges(G,pos,edgelist=red_edges,edge_color='r',
arrows=True)
nx.draw_networkx_edges(G,pos,edgelist=black_edges,arrows=True)
nx.draw_networkx_edge_labels(G,pos,edge_labels=edge_labels)
nx.draw_networkx_labels(G,pos)

nx.draw(G,pos,node_color='Gold',node_size=1500,edge_color=edge_
colors,edge_cmap=plt.cm.Reds)
pylab.show()
```

在 JupyterLab 中运行上述代码，生成的有向图如图 8-5 所示。

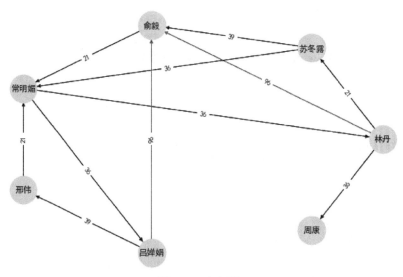

图 8-5　有向图 2

〉〉〉〉〉〉〉〉〉〉〉 # 8.4　社交网络图法

8.4.1　社交网络图及其应用场景

1. 社交网络图简介

社交网络图是十分常见的一类图，能够代表个人或组织之间的关系。社交网络图中的节点表示人、组织、计算机或其他实体，连线表示节点之间的关系或信息流动。信息流动的方式有很多，例如打电话、发短信、评价等。如果关系存在强弱之分，则在每条边上可以标识出关系的强弱程度。

社交网络图法

2. 应用场景

社交网络图主要应用于深入研究个人或组织在日常工作、生活、娱乐等过程中，形成的纷繁的网络关系。例如，使用 Microsoft Power BI 绘制企业内部员工的社交网络图，如图 8-6 所示。

8.4.2　Python 案例实战

客户在购买商品后，通过社交平台等分享购买体验，客户之间就会形成庞大的网络。我们收集了 2020 年 10 月客户分享

图 8-6　企业内部员工的社交网络图

的记录，其包括分享表（share.csv）和边界表（edges.csv），其中分享表包含分享者和被分享者的 ID，边界表包含开始节点和结束节点。

下面使用 HoloViews 绘制客户购买商品后分享购买体验的社交网络图，代码如下。

```
# 导入相关库
import pandas as pd
import holoviews as hv
hv.extension('bokeh')

edges_df=pd.read_csv('D:/Python 数据可视化（微课版）/ch08/edges.csv')
nodes_df=pd.read_csv('D:/Python 数据可视化（微课版）/ch08/nodes.csv')

fb_nodes=hv.Nodes(nodes_df).sort()
fb_graph=hv.Graph((edges_df,fb_nodes),label=' 商品分享朋友圈 ')

colors=['#000000']+hv.Cycle('Category20').values
fb_graph=fb_graph.redim.range(x=(-0.05,1.05),y=(-0.05,1.05))
fb_graph.opts(color_index='circle',width=600,height=600,show_frame=True,
xaxis=None,yaxis=None,node_size=25,edge_line_width=2,cmap=colors)
```

在 JupyterLab 中运行上述代码，生成的社交网络图如图 8-7 所示。

商品分享朋友圈

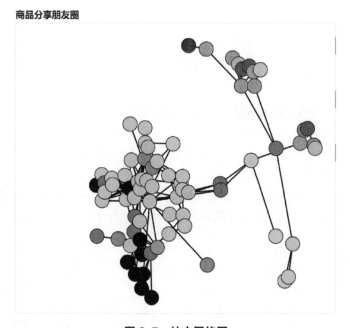

图 8-7　社交网络图

8.5　实践训练

实践 1： 利用 Python 绘制图 8-8 所示的简易房子轮廓图。

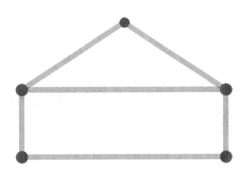

图 8-8　简易的房子轮廓图

实践 2：使用订单表（orders）中的数据，利用 Python 绘制图 8-9 所示的 2020 年 9 月客户分享商品购买体验的社交网络图。

2020年9月客户分享商品购买体验的社交网络图

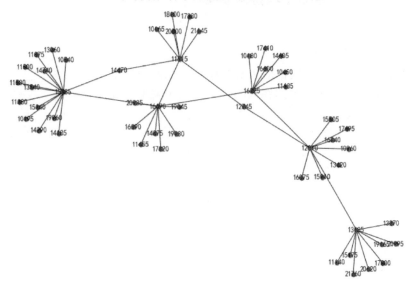

图 8-9　2020 年 9 月客户分享商品购买体验的社交网络图

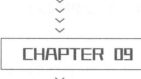

第 9 章　多元数据的可视化

9.1　多元数据概述

9.1.1　多元数据简介

多元数据是指每个数据对象具有两个（或两个以上）独立或相关属性的数据。多元数据在人类社会生活中普遍存在，且数量和规模随着信息化进程加快而不断增大。多元数据的来源非常广泛，例如人口统计数据集、经济普查数据集、公司财政管理数据集、电子邮件信息记录、图像数据集、传感器网络数据集、社交网络数据集等，都属于多元数据。

多元数据概述

根据数据类型或分析处理需求的不同，多元数据可分为文本数据、层次结构数据、网络结构数据、空间数据、时序数据等诸多子领域，而每个领域又有其独特的分析方法。

现阶段，多元数据面临的挑战主要有分析能力不足、数据复杂度高、处理能力有限等，如图 9-1 所示。

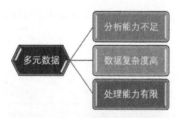

图 9-1　多元数据面临的挑战

9.1.2　多元数据可视化概述

对于二维和三维多元数据，可以采用常规的可视化方法，即将各属性的值映射到不同的坐标轴。当维度超过三维后，可以增加视觉编码来表示，例如颜色、大小、

形状等，但是对于更高维多元数据的可视化，这种
方法还是有局限的。

通常，多元数据的可视化方法主要有散点图矩
阵法、雷达图法、平行坐标系法等；此外，还可以
使用从高维降到低维的变量降维法进行可视化，如
图9-2所示。本章将重点介绍散点图矩阵法和雷达
图法在多元数据可视化中的应用。

图 9-2　多元数据的可视化方法

9.2　散点图矩阵法

9.2.1　散点图矩阵及其应用场景

1. 散点图矩阵简介

散点图矩阵是散点图的高维扩展，它在一定程度上克服了在平面
上展示高维多元数据存在的困难，在展示高维多元数据的两两关系时
具有不可替代的作用。

散点图矩阵法

2. 应用场景

当需要了解多个变量的相关关系时，就可以使用散点图矩阵。例
如，研究某企业销售额（sales）、利润额（profit）、购买量（amount）和折扣（discount）
之间的相关性大小，其经营数据如表9-1所示。

表 9-1　经营数据

sales	profit	amount	discount	type
504.9	28	14	0.04	General
485.1	24	14	0.04	General
465.3	25.6	13	0.04	General
455.4	24.8	15	0.04	General
495	28.8	14	0.04	General
534.6	31.2	17	0.08	General
455.4	27.2	14	0.06	General

......

下面使用SAS公司的JMP绘制4个变量的散点图矩阵，如图9-3所示。

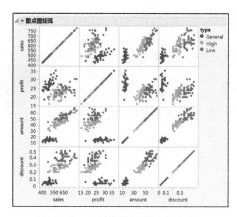

图 9-3　4 个变量的散点图矩阵

9.2.2　Python 案例实战

在 Python 中，我们也可以很方便地绘制上述案例中商品的销售额、利润额、购买量和折扣 4 个变量的散点图矩阵。下面使用 Seaborn 库绘制 4 个变量的散点图矩阵，其中用颜色表示每个订单客户的价值类型，代码如下。

```
# 导入相关库
import seaborn as sns
import pandas as pd

iris=pd.read_excel("D:/Python数据可视化（微课版）/ch09/经营数据.xls")
sns.pairplot(iris,hue='type',plot_kws={'alpha':0.6,'s':80,
'edgecolor':'k'},height=3)
```

在 JupyterLab 中运行上述代码，生成的散点图矩阵如图 9-4 所示。

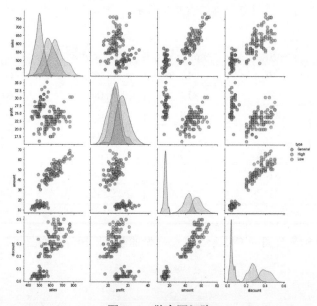

图 9-4　散点图矩阵

> > > > > > > > > > > > ## 9.3 雷达图法

9.3.1 雷达图及其应用场景

雷达图法

1. 雷达图简介

雷达图又叫作蜘蛛网图，它适用于显示 3 个或更多维度的变量。雷达图是以在同一点开始的轴上显示 3 个或更多个变量的二维图表形式来显示多元数据的，其中轴的相对位置和角度通常是无意义的。

雷达图的每个变量都有一个从中心向外发射的轴线，所有的轴之间的夹角相等，同时每个轴有相同的刻度，将轴与轴之间用网格线连接作为辅助元素，连接每个变量在其各自轴线的数据点形成一个多边形。

2. 应用场景

雷达图每一个维度的数据都分别对应一个坐标轴，这些坐标轴具有相同的圆心，以相同的间距沿着径向排列，并且各个坐标轴的刻度相同。例如，使用百度 Echarts 可视化工具绘制的学生考试成绩雷达图如图 9-5 所示。

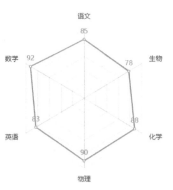

图 9-5 学生考试成绩雷达图

9.3.2 Python 案例实战

为了比较、分析各地区的客户流失量，我们收集了某企业 2020 年前 3 个季度各个地区的客户流失数据，如表 9-2 所示。

表 9-2 客户流失数据

日期	华东	华北	华中	华南	西南	西北	东北
第一季度	32	21	35	28	39	42	39
第二季度	30	31	35	25	41	36	34
第三季度	36	26	30	35	35	46	36

为了比较、分析该企业每个季度在各个地区的客户流失情况，我们使用 Pygal 绘制不同地区客户流失量的雷达图，其中 7 个地区表示 7 个维度，每个季度的客户流失量均用一个七边形表示，代码如下。

```
# 导入相关库
import pygal
my_config=pygal.Config()
my_config.show_legend=True
# 设置字体大小
my_config.style.title_font_size=26
my_config.style.label_font_size=16
# 设置雷达图的填充及数据范围
radar_chart=pygal.Radar(my_config,fill=False,range=(0,50))
```

```
# 添加雷达图标题
radar_chart.title='2020 年前三季度各地区客户流失量分析 '
# 添加雷达图顶点
radar_chart.x_labels=[' 华东 ',' 华北 ',' 华中 ',' 华南 ',' 西南 ',' 西北 ',' 东北 ']
# 绘制雷达图区域
radar_chart.add(' 第一季度 ',[32,21,35,28,39,42,39])
radar_chart.add(' 第二季度 ',[30,31,35,25,41,36,34])
radar_chart.add(' 第三季度 ',[36,26,30,35,35,46,36])
# 保存图
radar_chart.render_to_file(' 雷达图 .svg')
```

在 JupyterLab 中运行上述代码，生成的雷达图如图 9-6 所示。从图 9-6 中可以看出：在 2020 年，第一季度和第三季度都是西北地区的客户流失量较多，第二季度是西南地区的客户流失量较多。

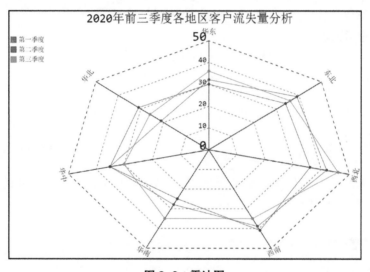

图 9-6　雷达图

9.4　平行坐标系法

9.4.1　平行坐标系及其应用场景

在 3.7 节中，我们已经介绍了平行坐标系及其应用场景，虽然重点说明的是其对时序数据的可视化，但是平行坐标系也适用于多元数据的可视化。

平行坐标系可以克服传统的直角坐标系难以表达三维及三维以上数据的缺点。例如，使用百度 Echarts 可视化工具绘制 4 个班级某次考试平均成绩的平行坐标系，结果如图 9-7 所示。

平行坐标系法

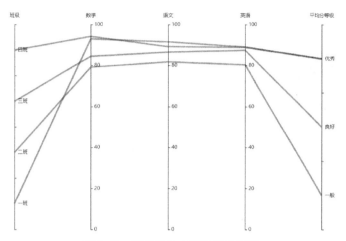

图 9-7　考试平均成绩平行坐标系

9.4.2　Python 案例实战

可以通过可视化的方法比较 2020 年 9 月某企业不同类型商品在全国 6 个销售区域的销售额情况，数据如表 9-3 所示。

表 9-3　不同类型商品的销售额

商品类型	东北	华北	华东	西南	中南	西北	业绩评估
用具	1.68	1.66	0.3	2.62	2.63	2.22	较差
纸张	4.68	5.26	8.3	6.82	9.03	4.62	一般
书架	6.18	7.26	6.3	4.82	8.03	3.32	一般
器具	9.18	9.26	13.3	13.82	14.63	11.62	较好
配件	8.18	8.26	10.3	11.82	13.03	14.52	较好
设备	12.98	18.66	15.83	19.62	15.93	18.82	优秀

为了研究用具、纸张、书架、器具等商品在东北、华北、华东等 6 个销售区域的销售额情况，我们使用 Pyecharts 绘制不同类型商品销售额的平行坐标系，其中业绩评估分为较差、一般、较好和优秀 4 种，代码如下。

```
# 导入相关库
import pyecharts.options as opts
from pyecharts.charts import Parallel

# 设置坐标系维度
parallel_axis=[
    {"dim":0,"name":"商品类型","type":"category"},
    {"dim":1,"name":"东北"},
    {"dim":2,"name":"华北"},
    {"dim":3,"name":"华东"},
    {"dim":4,"name":"西南"},
    {"dim":5,"name":"中南"},
    {"dim":6,"name":"西北"},
    {"dim":8,"name":"业绩评估","type":"category",
    "data":["较差","一般","较好","优秀"]
```

```
    } ]

# 数据设置
data=[["用具 ",1.68,1.66,0.3,2.62,2.63,2.22,"较差 "],
     ["纸张 ",4.68,5.26,8.3,6.82,9.03,4.62,"一般 "],
     ["书架 ",6.18,7.26,6.3,4.82,8.03,3.32,"一般 "],
     ["器具 ",9.18,9.26,13.3,13.82,14.63,11.62,"较好 "],
     ["配件 ",8.18,8.26,10.3,11.82,13.03,14.52,"较好 "],
     ["设备 ",12.98,18.66,15.83,19.62,15.93,18.82,"优秀 "]
    ]

# 绘制平行坐标系
def Parallel_splitline()->Parallel:
    c=(
        Parallel()
        .add_schema(schema=parallel_axis)
        .add(
            series_name="",
            data=data,
            linestyle_opts=opts.LineStyleOpts(width=4,opacity=0.5)
            )
        )
    return c

Parallel_splitline().render('平行坐标系 .html')
```

在 JupyterLab 中运行上述代码，生成的平行坐标系如图 9-8 所示。从图 9-8 中可以看出：设备类商品业绩评估为优秀，配件和器具类商品业绩评估为较好，书架和纸张类商品业绩评估为一般，用具类商品业绩评估为较差。

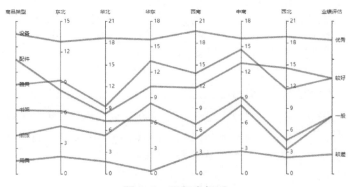

图 9-8　平行坐标系

>>>>>>>>>>>> 9.5　变量降维法

9.5.1　变量降维及其应用场景

1. 变量降维简介

在数据分析中，为了全面分析问题，往往会涉及很多与问题有关

变量降维法

的变量，因为每个变量都在不同程度上反映了问题的某些信息。变量降维就是通过正交变换将一组可能存在相关性的变量转换为一组线性不相关的变量。

2. 应用场景

当研究多变量且希望变量个数较少而得到的信息较多时，就需要使用变量降维，例如，使用 SAS 公司的 JMP 对销售额（sales）、利润额（profit）、购买量（amount）和折扣（discount）4 个变量进行降维。其中，成分 1 解释数据中 72.8% 的变异，成分 2 解释数据中 23% 的变异，成分 1 和成分 2 解释了数据中大部分的变异（95.8%），如图 9-9 所示。

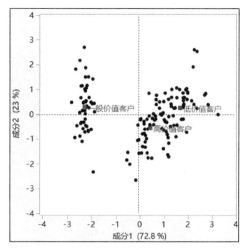

图 9-9 变量降维 1

9.5.2 Python 案例实战

为了深入研究某企业销售指标评价体系中各指标的关系，我们对该企业 2020 年第三季度的销售数据进行了变量降维，使用的数据还是企业经营数据（经营数据.txt 中的数据），如图 9-10 所示。

经营数据.txt - 记事本

文件(F) 编辑(E) 格式(O) 查看(V) 帮助(H)

504.9	28	14	0.04
485.1	24	14	0.04
465.3	25.6	13	0.04
455.4	24.8	15	0.04
495	28.8	14	0.04
534.6	31.2	17	0.08
455.4	27.2	14	0.06
495	27.2	15	0.04

第 1 行，第 1 100% Windows (CRLF) UTF-8

图 9-10 经营数据

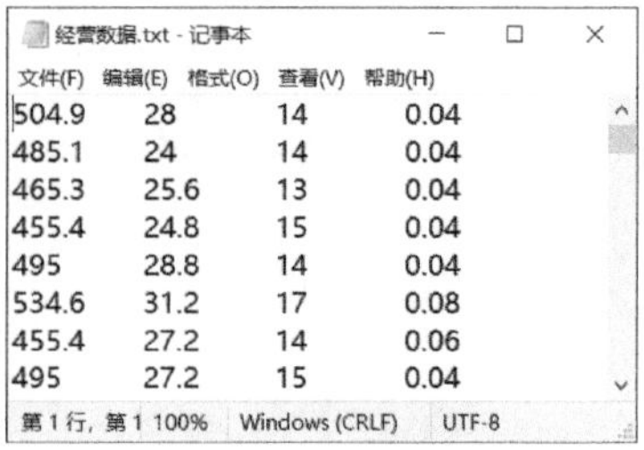

为了深入研究销售额、利润额、购买量和折扣之间的关系，我们使用 Matplotlib 库对其数据进行变量降维，其中降维使用了主成分分析法，代码如下。

```
# 导入相关库
import numpy as np
import pandas as pd
import matplotlib as mpl
import matplotlib.pyplot as plt
mpl.rcParams['font.sans-serif']=['SimHei']
plt.rcParams['axes.unicode_minus']=False

# 计算均值，要求输入数据为 numpy 的矩阵格式，行表示样本数，列表示特征
def meanX(dataX):
    return np.mean(dataX,axis=0)
# axis=0 表示依照列来求均值。假设输入 list，则 axis=1

def pca(XMat, k):
    average=meanX(XMat)
    m,n=np.shape(XMat)
    data_adjust=[]
    avgs=np.tile(average,(m,1))
    data_adjust=XMat-avgs
    covX=np.cov(data_adjust.T)    # 计算协方差矩阵
    featValue,featVec=np.linalg.eig(covX) # 求解协方差矩阵的特征值和特征向量
    index=np.argsort(-featValue) # 依照 featValue 从大到小进行排序
    finalData=[]
```

```
    if k>n:
        print("k must lower than feature number")
        return
    else:
        #注意特征向量是列向量。而 numpy 的二维矩阵（数组）a[m][n] 中，a[1] 表示第 1 行值
        selectVec=np.matrix(featVec.T[index[:k]]) #所以这里必须要进行转置
        finalData=data_adjust*selectVec.T
        reconData=(finalData*selectVec)+average
    return finalData,reconData

#输入文件的每行数据都以 \t 隔开
def loaddata(datafile):
    return np.array(pd.read_csv(datafile,sep="\t",header=None))
    .astype(np.float)

def plotBestFit(data1,data2):
    dataArr1=np.array(data1)
    dataArr2=np.array(data2)

    m=np.shape(dataArr1)[0]
    axis_x1=[]
    axis_y1=[]
    axis_x2=[]
    axis_y2=[]
    for i in range(m):
        axis_x1.append(dataArr1[i,0])
        axis_y1.append(dataArr1[i,1])
        axis_x2.append(dataArr2[i,0])
        axis_y2.append(dataArr2[i,1])
    fig=plt.figure(figsize=(11,7))
    ax=fig.add_subplot(111)
    ax.scatter(axis_x1,axis_y1,s=50,c='red',marker='s')
    ax.scatter(axis_x2,axis_y2,s=50,c='blue')
    plt.xlabel('x1',size=15,horizontalalignment='right',\
verticalalignment='center',fontsize=16)
    plt.ylabel('x2',size=15,rotation=90,horizontalalignment='right',\
verticalalignment='center',fontsize=16)
    plt.rc('font',size=16)          #设置标签大小
    plt.title('2020 年第三季度销售数据的变量降维',fontdict={'fontsize':20})
    #设置标题及字体大小
    plt.savefig(" 变量降维 .png")
    plt.show()

#依据数据集 data.txt
def main():
    datafile=" 经营数据 .txt"
    XMat=loaddata(datafile)
    k=2
    return pca(XMat,k)

if __name__=="__main__":
    finalData,reconMat=main()
    plotBestFit(finalData,reconMat)
```

在 JupyterLab 中运行上述代码，生成的变量降维图如图 9–11 所示。从图 9–11 中可以看出：销售数据被降为 "x1" 和 "x2" 两维。

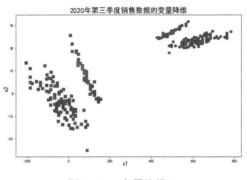

图 9-11　变量降维 2

>>>>>>>>>> **9.6　实践训练**

实践 1： 使用"第三季度商品利润表 .xls"中的数据，利用 Python 绘制图 9-12 所示的 2020 年第三季度不同类型商品利润额分析的雷达图。

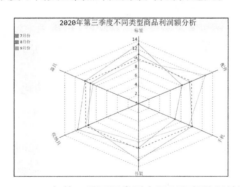

图 9-12　2020 年第三季不同类型商品利润额分析的雷达图

实践 2： 使用"2020 年上半年各销售大区利润表 .xls"中的数据，利用 Python 绘制图 9-13 所示的 2020 年上半年各销售大区利润额的平行坐标系。

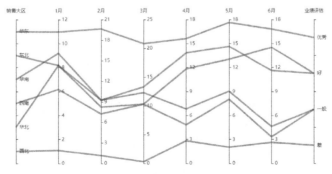

图 9-13　2020 年上半年各销售大区利润额的平行坐标系

CHAPTER 10

第10章 文本数据的可视化

>>>>>>>>>>> ## 10.1 文本数据概述

10.1.1 文本数据简介

文本数据是指不能参与算术运算的任意字符,也称为字符型数据。如英文字母、汉字、不作为数值使用的数字(单引号开头)和其他可输入的字符。

文本数据概述

文本数据不同于传统数据库中的数据,它具有半结构化、高维度、数据量大、语义性强等方面的特点。

1. 半结构化

文本数据既不是完全无结构的数据也不是完全结构化的数据。例如文本可能包含结构化的数据,如标题、作者、出版日期等,也可能包含大量非结构化的数据,如摘要和内容等。

2. 高维度

文本数据的维数通常都高达上万维,一般的数据挖掘、数据检索的方法由于计算量过大或代价高昂而不具有可行性。

3. 数据量大

一般文本库中都会存在至少数千个文本,对这些文本进行预处理、编码、挖掘等的工作量是非常庞大的,因而手工处理的方法往往是不可行的。

4. 语义性强

文本数据中存在着一词多义、多词一义,在时间和空间上的上下文相关等情况。

通常,文本数据可以分为单个文本、文档集合和时序文本3种类型,如图10-1所示。

图 10-1　文本数据的类型

10.1.2 文本数据可视化概述

文本数据的可视化可以帮助我们理解、组织、比较和关联文本，能够更快地告诉我们文本在讲什么。例如，对于社交网络上的发言，文本数据的可视化可以帮我们归类信息；对于新闻事件，文本数据的可视化可以帮我们整理清楚事情的发展脉络、每个人物间的关系等；对于一系列的文档，文本数据的可视化可以帮我们找到它们之间的联系等。

不同类型的文本数据有不同的可视化方法，下面列出了单个文本、文档集合和时序文本的主要可视化方法，如图 10-2 所示。限于篇幅，本书不对每种方法进行深入、详细的介绍，具体释义可以参考陈为等人编著的《数据可视化》第 10 章的相关内容。

图 10-2　文本数据的可视化方法

10.2　标签云法

10.2.1 标签云及其应用场景

1. 标签云简介

标签云是一种关键词的可视化方法，用于汇总生成的标签或文字内容。标签一般是独立的词汇，常常按顺序排列，其重要程度又能通过改变字体大小或颜色来显现，所以标签云可以灵活地依照字序或热门程度来检索标签。典型的标签云有 30 ～ 150 个标签。

标签云法

2. 应用场景

当需要对文本中的某些词进行重点说明时，可以使用标签云，例如，马丁·路德·金（Martin Luther King）于 1963 年 8 月 28 日在华盛顿林肯纪念堂发表的演讲——《我有一个梦想》的英文文本标签云如图 10-3 所示。

图 10-3　标签云

10.2.2 Python 案例实战

文本文件（guzhai_tag.txt）中的内容是关于贵州美丽山水的描述，如图 10–4 所示。

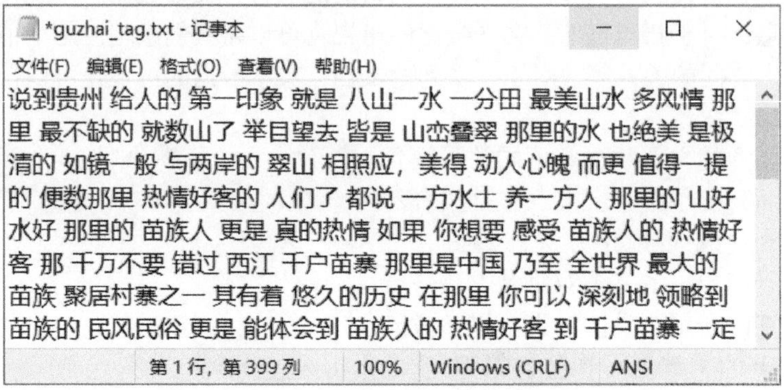

图 10–4　贵州美丽山水的描述

下面使用 PyTagCloud 库对其进行可视化分析，首先需要去除内容中的非法字符，然后使用 Counter() 方法生成词语的词频，最后生成标签云，代码如下。

```python
# 导入相关库
from pytagcloud import create_tag_image, make_tags
import re
import time
from collections import Counter
import datetime


# 去除内容中的非法字符
def validatecontent(content):
    # '/\:*?"<>|'
    rstr=r"[\/\\\:\*\?\"\<\>\|\.\*\+\-\(\)\"\'\（\）\！\？\"\"\,\。\；\：\{\}\【\】\=\%\*\~\·]"
    new_content=re.sub(rstr,"",content)
    return new_content


if __name__=='__main__':
    #输出的语言
    language='MicrosoftYaHei'
    #输出的字体大小
    fontsz=65
    #图的长、宽
    imglength=1000;imgwidth=800
    # 背景颜色
    rcolor=255;gcolor=255;bcolor=255

    arr=[]
    file=open('D:/Python 数据可视化（微课版）/ch10/guzhai_tag.txt','r')
    data=file.read().split('\r\n')
    for content in data:
        contents=validatecontent(content).split()
        for word in contents:
            arr.append(word)
    counts=Counter(arr).items()
```

```
#设置字体大小
tags=make_tags(counts,maxsize=int(fontsz))
#生成图
create_tag_image(tags,'D:/Python数据可视化（微课版）/ch10/'
+'tagcloud.png',size=(imglength,imgwidth),fontname=language,
background=(int(rcolor),int(gcolor),int(bcolor)))
print((' 已经储存至 '+'tagcloud.png'))
```

在 JupyterLab 中运行上述代码，生成的标签云如图 10-5 所示。

图 10-5　标签云

>>>>>>>>>> # 10.3　文档散法

10.3.1　文档散及应用场景

1．文档散简介

文档散（DocuBurst）以放射状层次圆环的形式展示文本结构，上下文的层次关系基于 Wordnet 方法获得。其中，某个单词的频率等于该单词子树中单词在文档中的频率之和，单一层次中某单词所覆盖的弧度表示其与这一层次中其他单词频率的比例关系。某个单

文档散法

词的子树可以根据这个单词所属的同义词集的个数进行颜色划分，每个同义词集都具有相同颜色，如果某个单词属于单一同义词集，则它的子树显示为单一色调。

2．应用场景

在文本数据的可视化中，文本关系的可视化可以分为基于文本内在关系的可视化和基于文本外在关系的可视化。前者主要关注文本内部的结构和语义关系，后者

则更关注于文本间的引用关系、主题相似性等，其中文档散就是一种重要的文本内在关系的可视化方法。外层的词是内层词的下义词，颜色饱和度的深浅用来体现词频的高低，如图 10-6 所示。

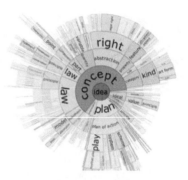

图 10-6　文档散 1

10.3.2　Python 案例实战

贵州美丽山水文本中的关键词等级数据如表 10-1 所示。

表 10-1　贵州美丽山水文本中的关键词等级数据

古寨	山水	山峦叠翠	
		水如明镜	
		日落夕阳	万家灯火
	建筑	吊脚楼	
		博物馆	宗教文化
			节日文化
苗族	苗族人	热情好客	
		民风民俗	

为了研究贵州美丽山水文本中的关键词等级，下面使用 Pyecharts 中的旭日图呈现文档散的效果。通过旭日图的径向布局体现关键词的语义等级，其中处于同一环上的关键词语义等级是一样的，代码如下。

```
# 声明 Notebook 类型, 必须在引入 pyecharts.charts 等模块前声明
from pyecharts.globals import CurrentConfig,NotebookType
CurrentConfig.NOTEBOOK_TYPE=NotebookType.JUPYTER_LAB

from pyecharts import options as opts
from pyecharts.charts import Sunburst

def sunburst()->Sunburst:
    data=[
        opts.SunburstItem(
            name=" 古寨 ",
            children=[
                opts.SunburstItem(
                    name=" 山水 ",
                    value=15,
                    children=[
                        opts.SunburstItem(name=" 山峦叠翠 ",value=2),
                        opts.SunburstItem(
                            name=" 日落夕阳 ",
                            value=5,
                            children=[opts.SunburstItem(name=" 万家灯火 ",value=2)],
                        ),
                        opts.SunburstItem(name=" 水如明镜 ",value=4),
```

```
                ],
            ),
            opts.SunburstItem(
                name=" 建筑 ",
                value=10,
                children=[
                    opts.SunburstItem(name=" 博物馆 ",value=5,
                        children=[opts.SunburstItem(name=" 宗教文化 ",value=1),
                            opts.SunburstItem(name=" 节日文化 ",value=2),],),
                    opts.SunburstItem(name=" 吊脚楼 ",value=3),
                ],
            ),
        ],
    ),
    opts.SunburstItem(
        name=" 苗族 ",
        children=[
            opts.SunburstItem(
                name=" 苗族人 ",
                children=[
                    opts.SunburstItem(name=" 热情好客 ",value=1),
                    opts.SunburstItem(name=" 民风民俗 ",value=2),
                ],
            )
        ],
    ),
]

c=(
    Sunburst()
    .add(series_name="", data_pair=data, radius=[0,"90%"])
    .set_global_opts(title_opts=opts.TitleOpts(title=" 贵州苗族古寨 "),
                    toolbox_opts=opts.ToolboxOpts())
    .set_series_opts(label_opts=opts.LabelOpts(formatter="{b}"))
)
return c
# 第一次渲染时调用 load_javascript 文件
sunburst().load_javascript()
# 展示数据可视化图表
sunburst().render_notebook()
```

在 JupyterLab 中运行上述代码，生成的文档散如图 10-7 所示。

图 10-7　文档散 2

10.4 词云法

10.4.1 词云及其应用场景

1. 词云简介

词云最早由美国西北大学新闻学副教授、新媒体专业主任里奇·戈登（Rich Gordon）提出。词云是通过形成"关键词云层"或"关键词渲染"，对文本中出现频率较高的"关键词"在视觉上的突出显示。词云过滤掉大量的文本信息，使浏览者只要一眼扫过文本就可以领略文本的主旨。

词云法

2. 应用场景

文本分析一般通过生成词云的方式进行展现，例如，使用 Microsoft Power BI 绘制 2020 年某企业主要畅销商品的词云，如图 10-8 所示。

图 10-8 2020 年某企业主要畅销商品的词云

10.4.2 Python 案例实战

文本文件（guzhai_word.txt）中的内容是关于贵州美丽山水的描述，如图 10-9 所示。

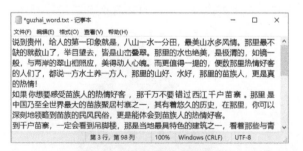

图 10-9 贵州美丽山水的描述

下面使用 Python 对其进行可视化分析，首先使用 jieba 分词库对文本进行分词，然后过滤掉不需要和无意义的词语，并统计词频，最后根据词语的词频生成词云，其中词语的不同颜色和大小表示词频的大小，代码如下。

```
# 导入相关库
import jieba
import matplotlib.pyplot as plt
from wordcloud import WordCloud, ImageColorGenerator
# 设置字体
fontpath='D:\Python 数据可视化（微课版）\ch10\msyh.ttf'

text=''
with open('D:/Python 数据可视化（微课版）/ch10/guzhai_word.txt','r',
encoding= 'UTF-8') as f:
    text=f.read()
    f.close()

# 过滤词语
removes=[' 这里 ',' 那里 ',' 有着 ',' 一般 ',' 就是 ',' 可以 ',' 想要 ',' 人们 ',
        ' 看着 ',' 不要 ',' 更是 ',' 千户 ']
for w in removes:
    jieba.del_word(w)
words=jieba.lcut(text)
cuted=' '.join(words)

# 绘制词云
wc=WordCloud(font_path=fontpath,            # 设置字体
            background_color="white",        # 背景颜色
            max_words=1000,                  # 词云能显示词语的最大数量
            max_font_size=500,               # 字体最大值
            min_font_size=20,                # 字体最小值
            random_state=42,                 # 随机数
            collocations=False,              # 避免出现重复词语
            width=1600,height=1200,margin=10, plt.figure(dpi=xx)
        # 图的宽、高、字间距需要配合放缩才有效
            )
wc.generate(cuted)

plt.figure(figsize=(15,9)) # 可以进行放大或缩小
plt.imshow(wc,interpolation='bilinear',vmax=1000)
plt.axis("off")     # 隐藏坐标
plt.savefig("WordCloud.jpg")
```

在 JupyterLab 中运行上述代码，生成的词云如图 10-10 所示。

图 10-10　词云

10.5 主题河流图法

10.5.1 主题河流图及其应用场景

1. 主题河流图简介

在第 3 章 3.6 节中，我们已经介绍了主题河流图及其应用场景，重点说明的是主题河流图对时序数据的可视化，其对文本数据的可视 **主题河流图法** 化没有进行介绍。本章我们将介绍文本数据的可视化，即时序文本，而且是中文文本。

时序文本是指具有时间或顺序特性的文本，例如一篇故事情节变化的小说，或一个随时间演化的新闻事件。主题河流图是一种经典的时序文本可视化方法。光阴似水，用河流来隐喻时间的变化几乎大部分人都能非常好地理解。

主题河流图中一般横轴表示时间，每一条不同颜色的线条可被视作一条"河流"，而每条"河流"则表示一个主题，"河流"的宽度代表其在当前时间点上的一个度量（如主题的强度）。这样既可以在宏观上看出多个主题的发展变化，又能看出在特定时间点上主题的分布情况。

2. 应用场景

当需要表示事件或主题在一段时间内的变化，用不同颜色的条带状河流表示不同的事件或主题，河流宽度表示数据值时，通常使用主题河流图。

10.5.2 Python 案例实战

客户就是"上帝"，客户投诉是指客户对商家的产品质量、服务态度等各方面的投诉。2020 年 8 月客户投诉的数据如表 10-2 所示。

表 10-2 客户投诉的数据

日期（date）	数量（count）	类别（category）
2020/8/1	28	产品质量
2020/8/1	144	服务态度
2020/8/1	313	售后服务
2020/8/2	79	产品质量
2020/8/2	372	服务态度
2020/8/2	313	售后服务
……		

为了研究客户投诉的类型和数量变化，下面使用 Pyecharts 库绘制客户投诉的主题河流图，其中横轴表示客户投诉的日期，纵轴表示投诉问题的数量，并用不同颜色表示投诉问题的类型，代码如下。

```python
# 声明 Notebook 类型，必须在引入 pyecharts.charts 等模块前声明
from pyecharts.globals import CurrentConfig,NotebookType
CurrentConfig.NOTEBOOK_TYPE=NotebookType.JUPYTER_LAB

from pyecharts import options as opts
from pyecharts.charts import Page,ThemeRiver
```

```
import pymysql

# 连接 MySQL 数据库
conn=pymysql.connect(host='127.0.0.1',port=3306,user='root',
password='root',db='sales',charset='utf8')
sql_num="SELECT date,count,category FROM problems"
cursor=conn.cursor()
cursor.execute(sql_num)
sh=cursor.fetchall()
v1=[]
v2=[]
for s in sh:
  v1.append([s[0],s[1],s[2]])

# 绘制主题河流图
def themeriver()->ThemeRiver:
    c=(
        ThemeRiver()
        .add(
          ["产品质量","服务态度","售后服务"],
          v1,
          singleaxis_opts=opts.SingleAxisOpts(type_="time",pos_bottom= "10%"),
        )
        .set_global_opts(title_opts=opts.TitleOpts
        (title="2020 年 8 月客户投诉分析",title_textstyle_opts=opts.
        TextStyleOpts(font_size=20)),
        xaxis_opts=opts.AxisOpts(
        axislabel_opts=opts.LabelOpts(font_size=16)),
        yaxis_opts=opts.AxisOpts(
        axislabel_opts=opts.LabelOpts(font_size=16)),
        toolbox_opts=opts.ToolboxOpts(),

        legend_opts=opts.LegendOpts(is_show=True,item_width=40,
        item_height=20,textstyle_opts=opts.TextStyleOpts(font_size=16)))
        .set_series_opts(label_opts=True)
    )
    return c

# 第一次渲染时调用 load_javascript 文件
themeriver().load_javascript()
# 展示数据可视化图表
themeriver().render_notebook()
```

在 JupyterLab 中运行上述代码，生成的主题河流图如图 10-11 所示。

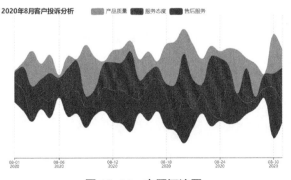

图 10-11　主题河流图

>>>>>>>>>>>>> **10.6　实践训练**

实践 1： 使用数据库中订单表（orders）中的数据，利用 Python 绘制图 10-12 所示的某企业 2020 年上半年销售商品类型的关键词词云。

图 10-12　某企业 2020 年上半年销售商品类型的关键词词云

实践 2： 使用数据库中订单表（orders）中的数据，利用 Python 绘制图 10-13 所示的某企业 2020 年 6 月不同类型商品的销售额分析主题河流图。

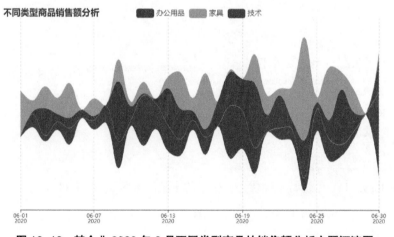

图 10-13　某企业 2020 年 6 月不同类型商品的销售额分析主题河流图

第 4 篇　案例实战篇

　　截至目前，本书已经详细介绍了时空数据和非时空数据的多种可视化方法，以便于读者能更好地掌握各种方法，提升实际应用能力。本篇将介绍我国人口现状及其趋势分析和社交电商营销分析两个实战案例，来具体阐述时空数据和非时空数据的可视化方法。

第11章 我国人口现状及其趋势分析与可视化

11.1 数据采集及整理

11.1.1 人口数据的来源与采集

在国家统计局官方网站，有 2019 年以前的人口相关数据。在人口相关数据中，有 3 项数据是本案例中需要的数据："总人口""人口出生率、死亡率和自然增长率"，"人口年龄结构和抚养比"。选择指标数据后，单击页面右上方的"数据下载"按钮，如图 11-1 所示。

数据采集及整理

图 11-1 下载数据

11.1.2 人口数据的清洗与整理

获取数据之后，由于数据量较少，可以直接在 Excel 中进行数据清洗，提取出我们需要的数据，然后整理、保存到 MySQL 数据库中，如图 11-2 所示。

图 11-2 数据整理与保存

11.2　人口总数及结构分析

11.2.1　人口总数趋势分析

人口总数及
结构分析

到 2019 年年底，我国人口总数已经超过 14 亿，为了深入分析我国人口总数未来几年的变化趋势，我们绘制了最近 20 年年末总人口的折线图，其中横轴表示年份，纵轴表示人口数，代码如下。

```python
# 声明 Notebook 类型，必须在引入 pyecharts.charts 等模块前声明
from pyecharts.globals import CurrentConfig,NotebookType
CurrentConfig.NOTEBOOK_TYPE=NotebookType.JUPYTER_LAB

from pyecharts import options as opts
from pyecharts.charts import Line, Page
import pymysql

# 连接 MySQL 数据库
conn=pymysql.connect(host='127.0.0.1',port=3306,user='root',
                     password='root',db='people',charset='utf8')
cursor=conn.cursor()
sql_num="SELECT 年份,round(总人口/10000,2) FROM people_total
        where 年份>=2000"
cursor.execute(sql_num)
sh=cursor.fetchall()
v1=[]
v2=[]
for s in sh:
    v1.append(s[0])
    v2.append(s[1])

# 绘制折线图
def line_toolbox()->Line:
    c=(
        Line(init_opts=opts.InitOpts(width="1024px",height="468px"))
        .add_xaxis(v1)
        .add_yaxis(" 人口数（亿人）",
            v2,
            is_smooth=True,
            is_selected=True,
            linestyle_opts=opts.LineStyleOpts(width=6),
            markpoint_opts=opts.MarkPointOpts(
                data=[opts.MarkPointItem(type_="max",name=" 最大值 "),
                opts.MarkPointItem(type_="min", name=" 最小值 ")])
                )
        .set_global_opts(
            title_opts=opts.TitleOpts(title="2000-2019 年我国人口总数分析 ",
            title_textstyle_opts=opts.TextStyleOpts(font_size=20)),

            legend_opts=opts.LegendOpts(is_show=False,item_width=40,
            item_height=20,textstyle_opts=opts.TextStyleOpts(font_size=16),
            pos_right='center',legend_icon='circle'),
            yaxis_opts=opts.AxisOpts(
                type_="value",
                min_=12,          # 设置纵轴的起始刻度、固定值
                axistick_opts=opts.AxisTickOpts(is_show=True),
```

```
            splitline_opts=opts.SplitLineOpts(is_show=True),
            axislabel_opts=opts.LabelOpts(font_size=16)
        ),
        xaxis_opts=opts.AxisOpts(
            type_="category",
            boundary_gap=False,
            axispointer_opts=opts.AxisPointerOpts(
                is_show=True, type_="shadow"),
            axislabel_opts=opts.LabelOpts(font_size=16))
    )
    .set_series_opts(label_opts=opts.LabelOpts(font_size=16))
)
    return c

# 第一次渲染时调用 load_javascript 文件
line_toolbox().load_javascript()
# 展示数据可视化图表
line_toolbox().render_notebook()
```

在 JupyterLab 中运行上述代码，生成的折线图如图 11-3 所示。从图 11-3 中可以看出近 20 年来，我国人口总数基本呈现直线上升趋势。

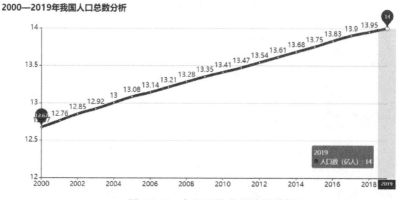

图 11-3　人口总数分析的折线图

11.2.2　人口男女性别比分析

为了分析人口的男女性别比，我们绘制了最近 20 年男女性别比分析的折线图，其中横轴表示年份，纵轴表示男女性别比，代码如下。

```
# 声明 Notebook 类型，必须在引入 pyecharts.charts 等模块前声明
from pyecharts.globals import CurrentConfig,NotebookType
CurrentConfig.NOTEBOOK_TYPE=NotebookType.JUPYTER_LAB

from pyecharts import options as opts
from pyecharts.charts import Line,Page
import pymysql
#plt.rcParams['font.sans-serif']=['SimHei']      # 显示中文
#plt.rcParams['axes.unicode_minus']=False        # 正常显示负号

# 连接 MySQL 数据库
conn=pymysql.connect(host='127.0.0.1',port=3306,user='root',
                password='root',db='people',charset='utf8')
```

```python
cursor=conn.cursor()
sql_num="SELECT 年份,round((100* 男性 / 女性 ),2) FROM people_total
        where 年份 >=2000"
cursor.execute(sql_num)
sh=cursor.fetchall()
v1=[]
v2=[]
for s in sh:
    v1.append(s[0])
    v2.append(s[1])

# 绘制折线图
def line_toolbox()->Line:
    c=(
        Line(init_opts=opts.InitOpts(width="1024px",height="468px"))
        .add_xaxis(v1)
        .add_yaxis(" 男女性别比 ",
            v2,
            is_smooth=True,
            is_selected=True,
            linestyle_opts=opts.LineStyleOpts(width=6),
            markpoint_opts=opts.MarkPointOpts(
              data=[opts.MarkPointItem(type_="max",name=" 最大值 "),
              opts.MarkPointItem(type_="min",name=" 最小值 ")]
              )
            )
#is_smooth 默认设置为 False，即折线；is_selected 默认设置为 False，即不选中
        .set_global_opts(
            title_opts=opts.TitleOpts(title="2000–2019 年我国男女性别比分析 ",
            title_textstyle_opts=opts.TextStyleOpts(font_size=20)),
            toolbox_opts=opts.ToolboxOpts(),

            legend_opts=opts.LegendOpts(is_show=True,item_width=40,
            item_height=20,textstyle_opts=opts.TextStyleOpts(font_size=16),
            pos_right='center',legend_icon='triangle'),
            yaxis_opts=opts.AxisOpts(
              type_="value",
              min_=104,          # 设置纵轴的起始刻度、固定值
              axistick_opts=opts.AxisTickOpts(is_show=True),
              splitline_opts=opts.SplitLineOpts(is_show=True),
              axislabel_opts=opts.LabelOpts(font_size=16)
            ),
            xaxis_opts=opts.AxisOpts(
              type_="category",
              boundary_gap=False,
              axispointer_opts=opts.AxisPointerOpts(
                is_show=True, type_="shadow"),
              axislabel_opts=opts.LabelOpts(font_size=16)
            )
          )
        .set_series_opts(label_opts=opts.LabelOpts(font_size=15))
      )
    return c

# 第一次渲染时调用 load_javascript 文件
line_toolbox().load_javascript()
# 展示数据可视化图表
line_toolbox().render_notebook()
```

在 JupyterLab 中运行上述代码，生成的折线图如图 11-4 所示。从图 11-4 中可以看出近 20 年来，我国人口的男女性别比基本呈现波动下降趋势，其中在 2001—2009 年出现小幅上升。

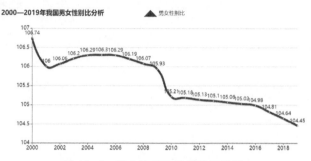

图 11-4   男女性别比分析的折线图

11.2.3   人口年龄结构分析

为了分析人口的年龄结构，我们绘制了 0 ~ 14 岁、15 ~ 64 岁、65 岁及以上 3 个年龄段的散点图，其中横轴表示年份，纵轴表示不同年龄段的人口数，代码如下。

```
# 声明 Notebook 类型，必须在引入 pyecharts.charts 等模块前声明
from pyecharts.globals import CurrentConfig,NotebookType
CurrentConfig.NOTEBOOK_TYPE=NotebookType.JUPYTER_LAB

from pyecharts import options as opts
from pyecharts.charts import Scatter,Page
import pymysql

# 连接 MySQL 数据库
conn=pymysql.connect(host='127.0.0.1',port=3306,user='root',
                     password='root',db='people',charset='utf8')
cursor=conn.cursor()
sql_num="SELECT 年份,ROUND('0～14岁'/10000,2),ROUND('15～64岁'/10000, 2),
ROUND('65岁及以上'/10000,2) FROM age_structure where 年份>=2000"
cursor.execute(sql_num)
sh=cursor.fetchall()
v1=[]
v2=[]
v3=[]
v4=[]
for s in sh:
    v1.append(s[0])
    v2.append(s[1])
    v3.append(s[2])
    v4.append(s[3])

# 绘制散点图
def scatter_splitline()->Scatter:
    c=(
        Scatter()
        .add_xaxis(v1)
        .add_yaxis("0～14岁", v2,label_opts=opts.LabelOpts(
            is_show= False),
```

```
        markpoint_opts=opts.MarkPointOpts(
            data=[opts.MarkPointItem(type_="max",name=" 最大值 "),
            opts.MarkPointItem(type_="min",name=" 最小值 ")])
        )
    .add_yaxis("15 ～ 64 岁 ",v3,label_opts=opts.LabelOpts(is_show=False),
            markpoint_opts=opts.MarkPointOpts(
                data=[opts.MarkPointItem(type_="max",name=" 最大值 "),
                opts.MarkPointItem(type_="min",name=" 最小值 ")])
            )
    .add_yaxis("65 岁及以上 ", v4,label_opts=opts.LabelOpts(is_show=False),
            markpoint_opts=opts.MarkPointOpts(
                data=[opts.MarkPointItem(type_="max",name=" 最大值 "),
                opts.MarkPointItem(type_="min",name=" 最小值 ")])
            )
    .set_global_opts(
        title_opts=opts.TitleOpts(title="2000—2019 年我国人口年龄结构分析 ",
        title_textstyle_opts=opts.TextStyleOpts(font_size=20)),
        xaxis_opts=opts.AxisOpts(type_="category",boundary_gap=False,
        axistick_opts=opts.AxisTickOpts(is_show=True),
        splitline_opts=opts.SplitLineOpts(is_show=True),
        axislabel_opts=opts.LabelOpts(font_size=16)),
        yaxis_opts=opts.AxisOpts(type_="value",min_=0.5,
        axistick_opts=opts.AxisTickOpts(is_show=True),
        splitline_opts=opts.SplitLineOpts(is_show=True),
        axislabel_opts=opts.LabelOpts(font_size=16)),
        toolbox_opts=opts.ToolboxOpts(),

        legend_opts=opts.LegendOpts(is_show=True,item_width=40,
        item_height=20, textstyle_opts=opts.TextStyleOpts(font_size=16)
        ,pos_right='200',legend_icon='diamond')
    )
)
    return c

# 第一次渲染时调用 load_javascript 文件
scatter_splitline().load_javascript()
# 展示数据可视化图表
scatter_splitline().render_notebook()
```

在 JupyterLab 中运行上述代码，生成图 11-5 所示的散点图，从图中可以看出近 20 年来，我国 0 ～ 14 岁人口的数量呈现先下降后上升的趋势，15 ～ 64 岁人口的数量呈现先上升后下降的趋势，65 岁及以上人口的数量呈现上升趋势。

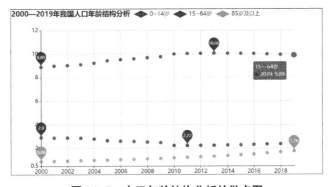

图 11-5　人口年龄结构分析的散点图

> > > > > > > > > > > > > ## 11.3 人口增长率数据分析

11.3.1 人口增长率趋势分析

人口增长率
数据建模

为了研究我国人口出生率、死亡率和自然增长率三者之间的关系，我们绘制了这 3 个变量的散点图，其中横轴表示年份，纵轴表示人口出生率、死亡率或自然增长率，代码如下。

```python
# 导入相关库
# 声明 Notebook 类型，必须在引入 pyecharts.charts 等模块前声明
from pyecharts.globals import CurrentConfig, NotebookType
CurrentConfig.NOTEBOOK_TYPE=NotebookType.JUPYTER_LAB

from pyecharts import options as opts
from pyecharts.charts import Scatter,Page
import pymysql

# 连接 MySQL 数据库
conn=pymysql.connect(host='127.0.0.1',port=3306,user='root',
                     password='root',db='people',charset='utf8')
cursor=conn.cursor()
sql_num="SELECT 年份,出生率,死亡率,自然增长率 FROM birth_rate where 年份>=2000"
cursor.execute(sql_num)
sh=cursor.fetchall()
v1=[]
v2=[]
v3=[]
v4=[]
for s in sh:
    v1.append(s[0])
    v2.append(s[1])
    v3.append(s[2])
    v4.append(s[3])

# 绘制散点图
def scatter_splitline()->Scatter:
    c=(
      Scatter()
      .add_xaxis(v1)
      .add_yaxis("出生率",v2,label_opts=opts.LabelOpts(is_show=False),
          markpoint_opts=opts.MarkPointOpts(
              data=[opts.MarkPointItem(type_="max",name="最大值"),
              opts.MarkPointItem(type_="min",name="最小值")]
              ),
          )
          .add_yaxis("死亡率",v3,label_opts=opts.LabelOpts(is_show= False),
          markpoint_opts=opts.MarkPointOpts(
              data=[opts.MarkPointItem(type_="max",name="最大值"),
              opts.MarkPointItem(type_="min", name="最小值")]
              ),
          )
          .add_yaxis("自然增长率", v4,label_opts=opts.LabelOpts(is_show=False),
          markpoint_opts=opts.MarkPointOpts(
              data=[opts.MarkPointItem(type_="max",name="最大值"),
```

```
                opts.MarkPointItem(type_="min",name=" 最小值 ")]
            ),
        )
        .set_global_opts(
            title_opts=opts.TitleOpts(title="2000—2019 年我国人口增长率分析 ",
            title_textstyle_opts=opts.TextStyleOpts(font_size=20)),
            xaxis_opts=opts.AxisOpts(type_="category",boundary_gap=False,
            axistick_opts=opts.AxisTickOpts(is_show=True),
            splitline_opts=opts.SplitLineOpts(is_show=True),
            axislabel_opts=opts.LabelOpts(font_size=16)),
            yaxis_opts=opts.AxisOpts(type_="value",min_=3,
            axistick_opts=opts.AxisTickOpts(is_show=True),
            splitline_opts=opts.SplitLineOpts(is_show=True),
            axislabel_opts=opts.LabelOpts(font_size=16)),
            toolbox_opts=opts.ToolboxOpts(),

            legend_opts=opts.LegendOpts(is_show=True,item_width=40,
            item_height=20,textstyle_opts=opts.TextStyleOpts(font_size=16),
            pos_right='220',legend_icon='pin')
        )
    )
    return c

# 第一次渲染时调用 load_javascript 文件
scatter_splitline().load_javascript()
# 展示数据可视化图表
scatter_splitline().render_notebook()
```

在 JupyterLab 中运行上述代码，生成图 11-6 所示的散点图，从图中可以看出出生率和自然增长率两个变量基本呈现相同的走势。

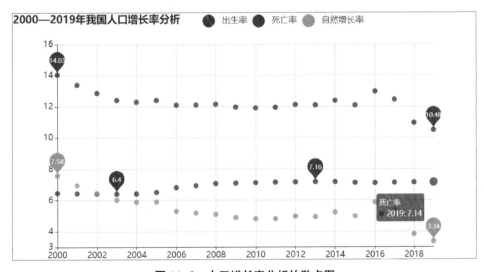

图 11-6　人口增长率分析的散点图

11.3.2　人口增长率相关分析

为了深入研究我国人口出生率、死亡率和自然增长率三者之间的相关关系，我们绘制了三者的相关系数热力图，其中横轴和纵轴均分别表示人口出生率、死亡率和自然增长率，并用不同的颜色表示相关系数的大小，代码如下。

```python
# 导入相关库
import pandas as pd
import matplotlib.pyplot as plt
import seaborn as sns
import pymysql
plt.rcParams['font.sans-serif']=['SimHei']        # 显示中文
plt.rcParams['axes.unicode_minus']=False          # 正常显示负号

plt.figure(figsize=[12,7])          # 指定图的大小
sns.set_style('ticks')              # 设置图的风格为 ticks

# 连接 MySQL 数据库，读取订单表数据
conn=pymysql.connect(host='127.0.0.1',port=3306,user='root',
                     password='root',db='people',charset='utf8')
sql="SELECT 年份 as year, 出生率as birth_rate, 死亡率 as death_rate,
    自然增长率 as natural_rate FROM birth_rate where 年份 >=2000"
df=pd.read_sql(sql,conn)

# 计算皮尔逊相关系数
corr=df[['birth_rate','death_rate','natural_rate']].corr()
print(corr)

# 绘制相关系数热力图
plt.figure(figsize=[12,7])          # 指定图的大小
#annot=True 表示在方格内显示数值
sns.heatmap(corr,annot=True,fmt='.4f',square=True,cmap='Pastel1_r',
linewidths=1.0,annot_kws={'size':14,'weight':'bold','color':'blue'})
sns.set_context("notebook",font_scale=1.0,rc={"lines.linewidth":1.5})
```

在 JupyterLab 中运行上述代码，生成的相关系数热力图如图 11-7 所示。从图 11-7 中可以看出出生率与自然增长率的相关系数达到 0.9647，两者呈现高度正相关，出生率与死亡率呈现中度的负相关，死亡率与自然增长率也呈现中度的负相关。

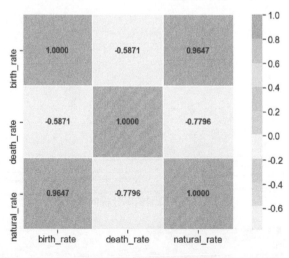

图 11-7　相关系数热力图

11.3.3　人口增长率回归分析

为了深入分析最近 20 年我国人口出生率与自然增长率之间的函数关系，我们对其进行了线性回归分析，其中横轴表示人口出生率，纵轴表示自然增长率，代码如下。

```
# 导入相关库
import pandas as pd
import matplotlib.pyplot as plt
import seaborn as sns
import pymysql

plt.figure(figsize=[12,7])              # 指定图的大小
sns.set_style('darkgrid')               # 设置图的风格为 darkgrid

# 连接 MySQL 数据库，读取订单表数据
conn=pymysql.connect(host='127.0.0.1',port=3306,user='root',
                     password='root',db='people',charset='utf8')
sql="SELECT 年份 as year, 出生率 as birth_rate, 死亡率 as death_rate,
    自然增长率 as natural_rate FROM birth_rate where 年份 >=2000"
df=pd.read_sql(sql,conn)

# 绘制线性回归图
sns.regplot(x=df['birth_rate'],y=df['natural_rate'],data=df)
sns.set_context("notebook",font_scale=1.0,rc={"lines.linewidth": 1.5})
# 设置 x 轴的刻度
plt.xlim(10.4,14.1)
```

在 JupyterLab 中运行上述代码，生成的线性回归图如图 11-8 所示。从图 11-8 中可以看出各个点基本位于回归线附近。

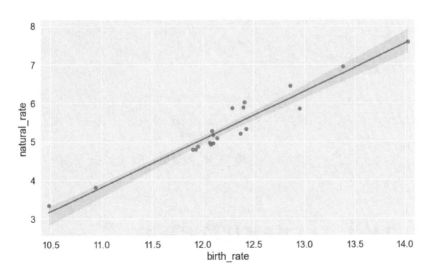

图 11-8　线性回归图

为了检验上述回归模型的优劣，我们绘制了回归模型的残差图，其中横轴表示人口出生率，纵轴表示残差值，代码如下。

```
# 导入相关库
import pandas as pd
import matplotlib.pyplot as plt
import seaborn as sns
import pymysql

plt.figure(figsize=[12,7])                # 指定图的大小
sns.set_style('darkgrid')                 # 设置图的风格为 darkgrid

# 连接 MySQL 数据库，读取订单表数据
conn=pymysql.connect(host='127.0.0.1',port=3306,user='root',
                     password='root',db='people',charset='utf8')
sql="SELECT 年份 as year, 出生率 as birth_rate, 死亡率 as death_rate,
    自然增长率 as natural_rate FROM birth_rate where 年份 >=2000"
df=pd.read_sql(sql,conn)

# 绘制残差图
sns.residplot(x=df['birth_rate'],y=df['natural_rate'],data=df)
sns.set_context("notebook", font_scale=1.5, rc={"lines.linewidth": 1.5})
plt.ylabel('residual')
```

在 JupyterLab 中运行上述代码，生成的残差图如图 11-9 所示。从图 11-9 中可以看出回归模型的残差值基本为 -0.4 ～ 0.4，回归模型的效果比较好。

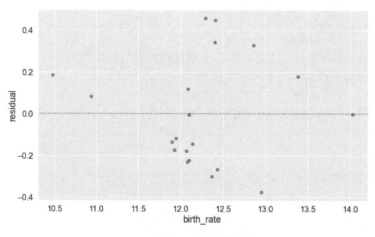

图 11-9　残差图

>>>>>>>>>>>> 11.4　人口抚养比数据分析

11.4.1　人口抚养比趋势分析

为了分析我国人口抚养比的变化趋势，我们绘制了少儿抚养比、老年抚养比、总抚养比 3 个变量的散点图，其中横轴表示年份，纵轴表示少儿抚养比、老年抚养比和总抚养比，代码如下。

人口抚养比
数据建模

```python
# 声明 Notebook 类型，必须在引入 pyecharts.charts 等模块前声明
from pyecharts.globals import CurrentConfig,NotebookType
CurrentConfig.NOTEBOOK_TYPE=NotebookType.JUPYTER_LAB

from pyecharts import options as opts
from pyecharts.charts import Scatter,Page
import pymysql

# 连接 MySQL 数据库
conn=pymysql.connect(host='127.0.0.1',port=3306,user='root',
                     password='root',db='people',charset='utf8')
cursor=conn.cursor()
sql_num="SELECT 年份，少儿抚养比，老年抚养比，总抚养比 FROM age_structure
        where 年份 >=2000"
cursor.execute(sql_num)
sh=cursor.fetchall()
v1=[]
v2=[]
v3=[]
v4=[]
for s in sh:
    v1.append(s[0])
    v2.append(s[1])
    v3.append(s[2])
    v4.append(s[3])

# 绘制散点图
def scatter_splitline()->Scatter:
    c=(
        Scatter()
        .add_xaxis(v1)
        .add_yaxis("少儿抚养比", v2,label_opts=opts.LabelOpts(is_show=False),
                markpoint_opts=opts.MarkPointOpts(
                data=[opts.MarkPointItem(type_="max", name=" 最大值 "),
                opts.MarkPointItem(type_="min",name=" 最小值 ")]
                ),
                )
        .add_yaxis(" 老年抚养比 ", v3,label_opts=opts.LabelOpts(is_show= False),
                markpoint_opts=opts.MarkPointOpts(
                data=[opts.MarkPointItem(type_="max",name=" 最大值 "),
                opts.MarkPointItem(type_="min",name=" 最小值 ")]
                ),
                )
        .add_yaxis(" 总抚养比 ",v4,label_opts=opts.LabelOpts(is_show= False),
                markpoint_opts=opts.MarkPointOpts(
                data=[opts.MarkPointItem(type_="max", name=" 最大值 "),
                opts.MarkPointItem(type_="min",name=" 最小值 ")]
                ),
                )
        .set_global_opts(
            title_opts=opts.TitleOpts(title="2000-2019 年我国人口抚养比分析 ",
            title_textstyle_opts=opts.TextStyleOpts(font_size=20)),
            xaxis_opts=opts.AxisOpts(type_="category",boundary_gap=False,
            axistick_opts=opts.AxisTickOpts(is_show=True),
            splitline_opts=opts.SplitLineOpts(is_show=True),
            axislabel_opts=opts.LabelOpts(font_size=16)),
            yaxis_opts=opts.AxisOpts(type_="value",min_=4,
```

```
            axistick_opts=opts.AxisTickOpts(is_show=True),

            splitline_opts=opts.SplitLineOpts(is_show=True),
            axislabel_opts=opts.LabelOpts(font_size=16)),
            toolbox_opts=opts.ToolboxOpts(),

            legend_opts=opts.LegendOpts(is_show=True,item_width=40,
            item_height=20, textstyle_opts=opts.TextStyleOpts(font_size=16),
            pos_right='170',legend_icon='arrow')
        )
    )
    return c

# 第一次渲染时调用 load_javascript 文件
scatter_splitline().load_javascript()
# 展示数据可视化图表
scatter_splitline().render_notebook()
```

在 JupyterLab 中运行上述代码，生成的散点图如图 11-10 所示。从图 11-10 中可以看出少儿抚养比和总抚养比都呈现先下降后上升的趋势，且在 2010 年达到最低，而老年抚养比呈现逐年上升的趋势。

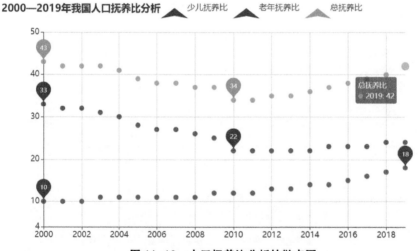

图 11-10　人口抚养比分析的散点图

11.4.2　人口抚养比相关分析

为了研究我国人口的少儿抚养比、老年抚养比和总抚养比三者之间的相关关系，我们绘制了三者的相关系数热力图，其中横轴和纵轴均分别表示少儿抚养比、老年抚养比和总抚养比，并用不同的颜色表示相关系数的大小，代码如下。

```
# 导入相关库
import pandas as pd
import matplotlib.pyplot as plt
import seaborn as sns
import pymysql
plt.rcParams['font.sans-serif']=['SimHei']       # 显示中文
plt.rcParams['axes.unicode_minus']=False         # 正常显示负号
```

```
plt.figure(figsize=[12,7])        # 指定图的大小
sns.set_style('ticks')            # 设置图的风格为 ticks

# 连接 MySQL 数据库，读取订单表数据
conn=pymysql.connect(host='127.0.0.1',port=3306,user='root',
                     password='root',db='people',charset='utf8')
sql="SELECT 年份 as year,少儿抚养比 as child_ratio,老年抚养比 as old_ratio,
    总抚养比 as total_ratio FROM age_structure where 年份 >=2000"
df=pd.read_sql(sql,conn)

# 计算皮尔逊相关系数
corr=df[['child_ratio','old_ratio','total_ratio']].corr()
print(corr)

# 绘制相关系数热力图
plt.figure(figsize=[12,7])        # 指定图的大小
sns.heatmap(corr,annot=True, fmt='.4f',square=True,cmap='Pastel1_r',
linewidths=1.0, annot_kws={'size':14,'weight':'bold', 'color':'blue'})
sns.set_context("notebook", font_scale=1.5, rc={"lines.linewidth": 1.5})
```

在 JupyterLab 中运行上述代码，生成的相关系数热力图如图 11-11 所示。从图 11-11 中可以看出少儿抚养比与总抚养比的相关系数是 0.8098，呈现高度相关；少儿抚养比与老年抚养比的相关系数是 -0.6594，呈现中度相关；老年抚养比与总抚养比的相关系数是 -0.0958，基本没有相关性。

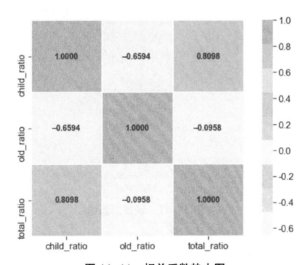

图 11-11　相关系数热力图

11.4.3　人口抚养比回归分析

为了深入分析我国最近 20 年人口的少儿抚养比与总抚养比之间的关系，我们对其进行了线性回归分析，其中横轴表示少儿抚养比，纵轴表示总抚养比，代码如下。

```
# 导入相关库
import pandas as pd
import matplotlib.pyplot as plt
import seaborn as sns
```

```
import pymysql

plt.figure(figsize=[12,7])          # 指定图的大小
sns.set_style('darkgrid')           # 设置图的风格为 darkgrid

# 连接 MySQL 数据库，读取订单表数据
conn=pymysql.connect(host='127.0.0.1',port=3306,user='root',
                     password='root',db='people',charset='utf8')
sql="SELECT 年份 as year,少儿抚养比 as child_ratio,老年抚养比 as old_ratio,
     总抚养比 as total_ratio FROM age_structure where 年份>=2000"
df=pd.read_sql(sql,conn)

# 绘制线性回归图
sns.regplot(x=df['child_ratio'],y=df['total_ratio'],data=df)
sns.set_context("notebook",font_scale=1.5,rc={"lines.linewidth": 1.5})

# 设置 x 轴的刻度
plt.xlim(21.9,33.1)
```

在 JupyterLab 中运行上述代码，生成的线性回归图如图 11-12 所示。从图 11-12 中可以看出有部分点离回归线较远，说明回归模型的效果一般。

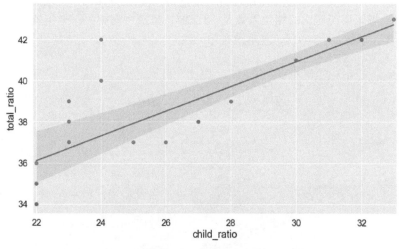

图 11-12　线性回归图

为了检验上述回归模型的优劣，我们绘制了回归模型的残差图，其中横轴表示少儿抚养比，纵轴表示残差值，代码如下。

```
# 导入相关库
import pandas as pd
import matplotlib.pyplot as plt
import seaborn as sns
import pymysql

plt.figure(figsize=[12,7])          # 指定图的大小
sns.set_style('darkgrid')           # 设置图的风格为 darkgrid

# 连接 MySQL 数据库，读取订单表数据
conn=pymysql.connect(host='127.0.0.1',port=3306,user='root',
                     password='root',db='people',charset='utf8')
```

```
sql="SELECT 年份 as year,少儿抚养比 as child_ratio,老年抚养比 as old_ratio,
    总抚养比 as total_ratio FROM age_structure where 年份 >=2000"
df=pd.read_sql(sql,conn)

# 绘制残差图
sns.residplot(x=df['child_ratio'],y=df['total_ratio'],data=df)
sns.set_context("notebook", font_scale=1.5, rc={"lines.linewidth": 1.5})
plt.ylabel('residual')
```

在 JupyterLab 中运行上述代码，生成的残差图如图 11-13 所示。从图 11-13 中可以看出回归模型的残差值波动较大，进一步说明该模型的效果一般。

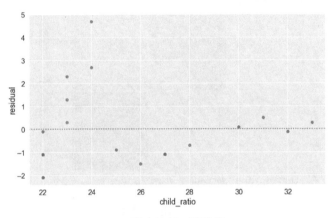

图 11-13　残差图

>>>>>>>>>>> # 11.5　实践训练

实践 1：使用 2000—2019 年国内生产总值的构成表（gdp_total）中的数据，利用 Python 绘制图 11-14 所示的三类产业增加值的散点图。

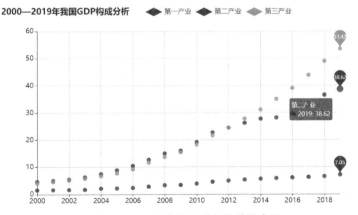

图 11-14　三类产业增加值的散点图

实践 2：使用 2000—2019 年国内生产总值的构成表（gdp_total）中的数据，利用 Python 绘制图 11-15 所示的第一产业增加值（primary_value）、第二产业增加值（secondary_value）、第三产业增加值（tertiary_value）三者之间的相关系数热力图。

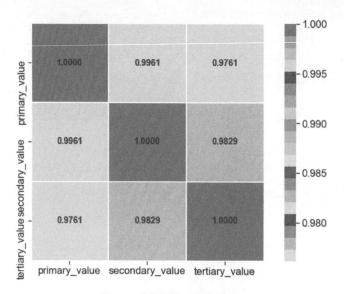

图 11-15   相关系数热力图

实践 3：使用 2000—2019 年国内生产总值的构成表（gdp_total）中的数据，利用 Python 绘制图 11-16 所示的第一产业增加值（primary_value）与第二产业增加值（secondary_value）之间的线性回归图。

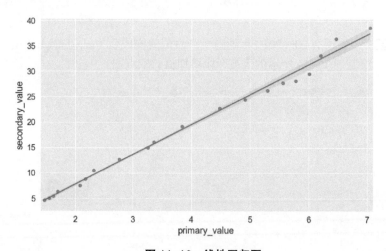

图 11-16   线性回归图

CHAPTER 12

第12章 社交电商营销分析与可视化

12.1 社交电商及其发展趋势分析

12.1.1 社交电商现状分析

在移动互联网时代，以微信为代表的社交 App 广泛普及，成为移动端最主要的流量入口之一。这些社交平台占据了用户大量的时间，具有使用频次高、黏性强、流量价值极其丰富的特点。目前社交电商行业规模增长快速，2020 年中国社交电商的市场规模依旧保持高速增长，是网络购物市场中的一匹"黑马"。

社交电商及其发展趋势

社交电商本质上是电商行业营销模式与销售渠道的一种创新，是凭借社交网络进行引流的商业模式，在中短期内为社交电商的发展提供了保证，为电商企业降低引流成本提供了良好的解决方案。社交电商的主要特点是去中心、提效率、降成本等，如图 12-1 所示。

图 12-1　社交电商的主要特点

按照流量获取方式和运营模式的不同，目前社交电商可以分为拼购类、会员制、社区类和内容类 4 种。其中拼购类、会员制和社区类均以较强社交关系下的熟人网络为基础，通过价格优惠、分销奖励等方式引导用户进行自主传播；内容类社交电商则起源于较弱社交关系下的社交社区，通过优质内容与商品形成协同，吸引用户购买。

12.1.2 社交电商营销分析

在移动互联网时代，微信等社交平台产生的商业价值、商业影响力更是不容忽视，借助平台来寻找客户，已成为一种效果明显的营销方式。特别是利用朋友圈打造的"隐形广告"，在无形之中就能完成产品的销售。做好朋友圈的商品营销需要注意 4 个方面的内容，如图 12-2 所示。

图 12-2　朋友圈营销

1. 个人定位

首先应该对朋友圈进行定位，内容杂乱的朋友圈不方便传播。一个能让别人产生认同感的朋友圈，一定是彰显个性、表露优点，以及贴近生活的。因此在进行朋友圈的商品营销前，首先要打造个人形象，先推销自己，再宣传产品，这样会增加别人对自己的信任感。

2. 坚持原创

在编写朋友圈营销内容的时候应该坚持创作原创作品，因为原创会有差异性、新鲜感和吸引力。这样别人才能看到一个真实的你，即拥有一种坦诚的生活态度，别人才能对你有信任感。原创的文案，一般互动效果很好，销售效果自然也会更好。

3. 价值第一

朋友圈分享的内容，一定要是对别人有价值的。当有人购买你的产品时你要及时将此信息分享出去，让大家看到你的产品很受欢迎。这是一个刺激其他人产生购买行为的有效方式，当更多的人知道后，就会产生更多的转发，从而能促成更多的交易。

4. 互动技巧

如果你的朋友圈有很强的互动性，点赞量、评论量自然就会很高，营销就更容易成功。所以前期的主要任务就是要把朋友圈的互动性调动起来，与客户聊天，先了解其需求，再对症下药，有空的时候要去客户的朋友圈点赞或评论。

12.2　商品属性分析

12.2.1　商品功能描述的标签云

商品功能是商品所具有的特定"职能"，是商品总体的功用或用途。可视化分析有助于我们更好地了解商品，并能说明商品能够做什么或提供什么功效，例如柯尼卡美能达复印机的功能描述，如图 12-3 所示。

商品属性分析

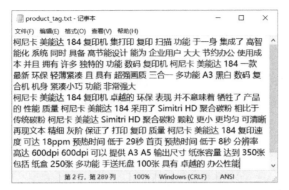

图 12-3　柯尼卡美能达复印机的功能描述

下面使用 PyTagCloud 库绘制柯尼卡美能达复印机功能描述的标签云，首先需要去除内容中的非法字符，然后使用 Counter( ) 方法生成词语的词频，最后进行可视化，代码如下。

```python
# 导入相关库
from pytagcloud import create_tag_image,make_tags
import re
import time
from collections import Counter
import datetime

# 去除内容中的非法字符
def validatecontent(content):
    # '/\:*?"<>|'
    rstr=r"[\/\\\:\*\?\"\<\>\|\.\*\+\-\(\)\"\'\（\）\！\？\"\"\,\。\;\:\{\}\{\}\=\%\*\~\·]"
    new_content=re.sub(rstr,"",content)
    return new_content

if __name__=='__main__':
    #输出的语言
    language='MicrosoftYaHei'
    #输出的字体大小
    fontsz=105
    #图的长、宽
    imglength=1000;imgwidth=800
    #背景颜色
    rcolor=255;gcolor=255;bcolor=255

    arr=[]
    file=open('D:/Python数据可视化（微课版）/ch12/product_tag.txt','r')
    data=file.read().split('\r\n')
    for content in data:
        contents=validatecontent(content).split()
        for word in contents:
            arr.append(word)
    counts=Counter(arr).items()

    #用时间来命名
    nowtime=time.strftime('%Y%H%M%S',time.localtime())
    #设置字体大小
    tags=make_tags(counts, maxsize=int(fontsz))
```

```
# 生成图
create_tag_image(tags,
                 'D:/Python 数据可视化（微课版）/ch12/'+'tagcloud.png',
                 size=(imglength,imgwidth),fontname=language,
                 background=(int(rcolor), int(gcolor),int(bcolor)))
print(('已经储存至 '+'tagcloud.png'))
```

在 JupyterLab 中运行上述代码，生成的标签云如图 12-4 所示。

图 12-4 标签云

12.2.2 商品名称的关键词词云

商品名称是指为了区别于其他商品而使用的商品称呼，一般用于描述商品的功能、形象、产地、象征意义等，例如我们收集了部分商品的名称等，如图 12-5 所示。

下面使用 WordCloud 库绘制商品名称的关键词词云。首先使用 jieba 分词库对文本进行分词，然后过滤掉不需要和无意义的词语，并统计词频，最后进行可视化，代码如下。

图 12-5 商品名称

```
# 导入相关库
import jieba
import matplotlib.pyplot as plt
from wordcloud import WordCloud, ImageColorGenerator
# 设置字体
fontpath='D:\Python 数据可视化（微课版）\ch12\msyh.ttf'

text=''
with open('D:/Python 数据可视化（微课版）/ch12/product_word.txt','r', encoding= 'UTF-
8') as f:
    text=f.read()
    f.close()
```

```
# 过滤词语
removes=['红色','黑色','蓝色','白色']
for w in removes:
    jieba.del_word(w)
words=jieba.lcut(text)
cuted=' '.join(words)

# 绘制词云
wc=WordCloud(font_path=fontpath,            # 设置字体
            background_color="white",       # 背景颜色
            max_words=1000,                 # 词云能显示词语的最大数量
            max_font_size=500,              # 字体最大值
            min_font_size=20,               # 字体最小值
            random_state=42,                # 随机数
            collocations=False,             # 避免出现重复词语
            width=1600,height=1200,margin=10,
            # 图的宽、高、字间距,需要配合 plt.figure(dpi=xx) 放缩才有效
            )
wc.generate(cuted)

plt.figure(figsize=(15,9)) # 可以进行放大或缩小
plt.imshow(wc, interpolation='bilinear',vmax=1000)
plt.axis("off")                             # 隐藏坐标
plt.savefig("WordCloud.jpg")
```

在 JupyterLab 中运行上述代码, 生成的商品名称关键词词云如图 12-6 所示。

图 12-6　商品名称的关键词词云

12.2.3　不同类型商品订单量的主题河流图

为了深入分析某企业在 2020 年 9 月不同类型商品的订单量情况, 我们使用存储在 MySQL 数据库不同类型商品的订单表 (category) 中的数据, 如图 12-7 所示。

下面使用 Pyecharts 库绘制不同类型商品订单量的主题河流图, 其中横轴表示订单日期, 纵轴表示每种类型商品的订单量, 并且用不同的颜色进行表示, 代码如下。

date	count	category
2020-09-01	27	办公类
2020-09-01	469	家具类
2020-09-01	361	技术类
2020-09-02	795	办公类
2020-09-02	173	家具类
2020-09-02	324	技术类
2020-09-03	505	办公类
2020-09-03	169	家具类
2020-09-03	240	技术类
2020-09-04	37	办公类

图 12-7　不同类型商品的订单表

```
# 导入相关库
# 声明 Notebook 类型，必须在引入 pyecharts.charts 等模块前声明
from pyecharts.globals import CurrentConfig,NotebookType
CurrentConfig.NOTEBOOK_TYPE=NotebookType.JUPYTER_LAB

from pyecharts import options as opts
from pyecharts.charts import Page,ThemeRiver
import pymysql

# 连接 MySQL 数据库
conn=pymysql.connect(host='127.0.0.1',port=3306,user='root',
                     password='root',db='sales',charset='utf8')
sql_num="SELECT date,count,category FROM category"
cursor=conn.cursor()
cursor.execute(sql_num)
sh=cursor.fetchall()
v1=[]
for s in sh:
  v1.append([s[0],s[1],s[2]])

# 绘制主题河流图
def themeriver()->ThemeRiver:
    c=(
        ThemeRiver()
        .add(
            ["办公类","家具类","技术类"],
            v1,
            singleaxis_opts=opts.SingleAxisOpts(type_="time",
            pos_bottom="10%"),
        )
        .set_global_opts(title_opts=opts.TitleOpts(
            title="2020 年 9 月不同类型商品订单量分析",title_textstyle_opts=
            opts.TextStyleOpts(font_size=20)),
            toolbox_opts=opts.ToolboxOpts(),

            legend_opts=opts.LegendOpts(is_show=True,item_width=40,
            item_height=20,textstyle_opts=opts.TextStyleOpts
            (font_size=16),pos_right='220',legend_icon='diamond'),
        yaxis_opts=opts.AxisOpts(
            type_="value",
            axistick_opts=opts.AxisTickOpts(is_show=True),
            splitline_opts=opts.SplitLineOpts(is_show=True),
            axislabel_opts=opts.LabelOpts(font_size=16)
        ),
        xaxis_opts=opts.AxisOpts(
            type_="category",
            boundary_gap=False,
            axispointer_opts=opts.AxisPointerOpts(
                is_show=True,type_= "shadow"),
            axislabel_opts=opts.LabelOpts(font_size=16))
        )
        .set_series_opts(label_opts=True)
    )
    return c
```

第一次渲染时调用 load_javascript 文件

```
themeriver().load_javascript()
# 展示数据可视化图表
themeriver().render_notebook()
```

在 JupyterLab 中运行上述代码，生成的主题河流图如图 12-8 所示。

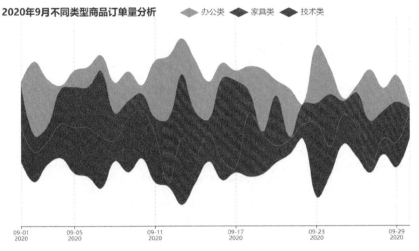

图 12-8　主题河流图

>>>>>>>>>> 12.3　客户社交分析

12.3.1　商品分享的有向图

为了分析客户的商品分享情况，我们收集、整理了部分重要客户的分享记录，如表 12-1 所示。

客户社交分析

表 12-1　客户分享记录

主动 - 被动				度
林丹，苏冬露	俞毅，常明娟	邢伟，常明娟		51
常明娟，林丹	常明娟，吕婵娟	苏冬露，常明娟	林丹，周康	56
周康，张军				59
张军，俞毅	吕婵娟，张军			65
苏冬露，俞毅	吕婵娟，邢伟			79
俞毅，周康	吕婵娟，周康			96

下面使用 NetworkX 库绘制 2020 年 9 月商品分享次数超过 50 次的客户朋友圈的有向图，代码如下。

```
# 导入相关库
import networkx as nx
import numpy as np
```

```
import matplotlib.pyplot as plt
plt.rcParams['font.sans-serif']=['SimHei']
import pylab

plt.figure(figsize=(11,7))
G=nx.DiGraph()

G.add_edges_from([(' 林丹 ',' 苏冬露 '),(' 俞毅 ',' 常明媚 '),
                  (' 邢伟 ',' 常明媚 ')],weight=51)
G.add_edges_from([(' 常明媚 ',' 林丹 '),(' 常明媚 ',' 吕婵娟 '),
                  (' 苏冬露 ',' 常明媚 '),(' 林丹 ',' 周康 ')],weight=56)
G.add_edges_from([(' 周康 ',' 张军 ')],weight=59)
G.add_edges_from([(' 张军 ',' 俞毅 '),(' 吕婵娟 ',' 张军 ')],weight=65)
G.add_edges_from([(' 苏冬露 ',' 俞毅 '),(' 吕婵娟 ',' 邢伟 ')],weight=79)
G.add_edges_from([(' 俞毅 ',' 周康 '),(' 吕婵娟 ',' 周康 ')],weight=96)

val_map={'A':0.3,'D':0.6714285714285714,'H':0.8}
values=[val_map.get(node,0.95) for node in G.nodes()]
edge_labels=dict([((u,v,),d['weight']) for u,v,d in G.edges(data=True)])
red_edges=[(' 俞毅 ',' 周康 '),(' 吕婵娟 ',' 周康 ')]
edge_colors=['black' if not edge in red_edges
             else 'red' for edge in G.edges()]
black_edges=[edge for edge in G.edges() if edge not in red_edges]

pos=nx.circular_layout(G)
nx.draw_networkx_edges(G,pos,edgelist=red_edges,
                       edge_color= 'r',arrows=True)
nx.draw_networkx_edges(G,pos,edgelist=black_edges,arrows=True)
nx.draw_networkx_edge_labels(G,pos,edge_labels=edge_labels)
nx.draw_networkx_labels(G,pos)

nx.draw(G,pos,node_color ='GoldEnrod',node_size=1500,
        edge_color=edge_colors,edge_cmap=plt.cm.Reds)
pylab.show()
```

在 JupyterLab 中运行上述代码，生成的商品分享有向图如图 12-9 所示。

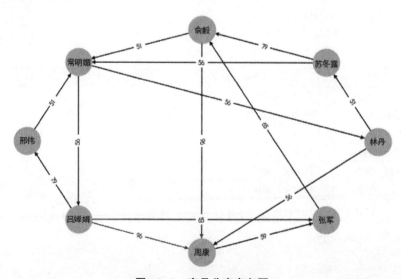

图 12-9 商品分享有向图

12.3.2　成功分享商品的和弦图

为了研究客户在购买商品后的分享情况，我们收集了 2020 年 9 月客户分享的记录，其包括分享表（share.csv）和客户表（customers.csv），其中分享表包含分享者和被分享者的 ID，客户表包含客户的一些主要属性信息，如客户姓名、性别、学历等如图 12-10 和图 12-11 所示。

图 12-10　分享表

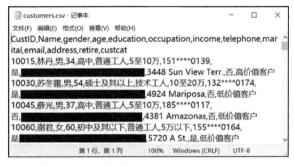

图 12-11　客户表

下面使用 HoloViews 库绘制 2020 年 9 月客户在购买商品后分享次数的和弦图，其中连线越多的客户表示分享次数越多，代码如下。

```python
# 导入相关库
import holoviews as hv
from holoviews import opts,dim
import pandas as pd
hv.extension('bokeh')

# 导入数据
share='D:/Python 数据可视化（微课版）/ch12/share.csv'
customers='D:/Python 数据可视化（微课版）/ch12/customers.csv'
share=pd.read_csv(share)
customers=pd.read_csv(customers)
share=pd.DataFrame(share)
customers=pd.DataFrame(customers)

# 统计客户之间的分享次数
share_counts=share.groupby(['SharerID',
                            'SharedID']).Stops.count().reset_index()
nodes=hv.Dataset(customers,'CustID','Name')
chord=hv.Chord((share_counts,nodes),['SharerID','SharedID'],['Stops'])

# 选择成功分享次数最多的 20 个客户
share_most=list(share.groupby('SharerID').count().sort_values('Stops').
iloc[-30:].index.values)
share_customers=chord.select(CustID=share_most,selection_mode='nodes')
share_customers.opts(
    opts.Chord(cmap='Category20',edge_color=dim('SharerID').str(),
    labels='Name',node_color=dim('CustID').str(),height=600, width=600,
    title='2020 年 9 月成功分享商品次数最多的客户'))
```

在 JupyterLab 中运行上述代码，生成的和弦图如图 12-12 所示。

2020年9月成功分享商品次数最多的客户

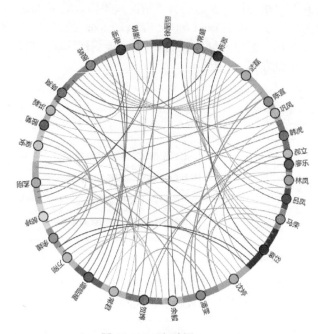

图 12-12　和弦图

12.3.3　客户商品分享的社交网络图

客户在购买商品后，通过分享购买体验等，客户之间就会形成庞大的网络。我们使用 2020 年 9 月客户分享的记录，其包括分享表（share.csv）和客户表（customers.csv），绘制客户商品分享的社交网络图，其中连线越多的客户分享越多，在网络中的作用就越重要，代码如下。

```
# 导入相关库
import holoviews as hv
from holoviews import opts,dim
import pandas as pd
hv.extension('bokeh')
import networkx as nx

# 中文字体设置
from matplotlib import pyplot as plt
plt.rcParams['font.sans-serif']=['SimHei']

# 导入数据
share='D:/Python 数据可视化（微课版）/ch12/share.csv'
customers ='D:/Python 数据可视化（微课版）/ch12/customers.csv'
share=pd.read_csv(share)
customers=pd.read_csv(customers)
share=pd.DataFrame(share)
customers=pd.DataFrame(customers)

# 成功分享商品最多的 5 位客户
```

```
share_most=list(share.groupby('SharerID').count().sort_values('Stops').
                iloc[-4:].index.values)
print(share_most)
share=share[share['SharerID'].isin(share_most)]

def my_point(a,b):
   return(a,b)
   share['point']=share.apply(lambda row:my_point(row['SharerID'],
   row['SharedID']),axis=1)

#指定图的大小
plt.figure(figsize=[11,7])
#设置图形参数
nodes=share_most
edges=share['point']
G=nx.Graph()
G.add_nodes_from(nodes)
G.add_edges_from(edges)

#设置图形布局
pos=nx.circular_layout(G)

#绘制社交网络图
plt.title('2020年9月客户商品分享的社交网络图',size=20)
nx.draw_networkx(G,with_labels=True,node_size=350,node_color='red')
plt.axis('off')
plt.show()
```

在 JupyterLab 中运行上述代码，生成图 12-13 所示的社交网络图。

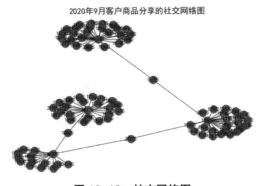

2020年9月客户商品分享的社交网络图

图 12-13　社交网络图

>>>>>>>>>> # 12.4　营销效果分析

12.4.1　商品销售额年增长率分析

为了分析某企业不同类型商品在 2015—2019 年的销售情况，我们统计、整理了不同类型商品的销售额年增长率数据，如表 12-2 所示。

营销效果分析

表 12-2　不同类型商品销售额年增长率

年份	用具	纸张	书架	器具	配件	设备	业绩评估
2015 年	2.68	2.66	3.3	1.62	3.63	1.22	较差
2016 年	4.68	5.26	8.3	6.82	9.03	4.62	一般
2017 年	6.18	7.26	6.3	4.82	8.03	3.32	一般
2018 年	9.18	9.26	13.3	13.82	14.63	11.62	优秀
2019 年	9.88	9.96	12.3	10.82	11.03	13.52	优秀

下面使用 Pyecharts 库绘制不同类型商品销售额年增长率的平行坐标系，代码如下。

```
# 导入相关库
import pyecharts.options as opts
from pyecharts.charts import Parallel

# 设置坐标系维度
parallel_axis=[
    {"dim":0,"name":"年份","type":"category"},
    {"dim":1,"name":"用具"},
    {"dim":2,"name":"纸张"},
    {"dim":3,"name":"书架"},
    {"dim":4,"name":"器具"},
    {"dim":5,"name":"配件"},
    {"dim":6,"name":"设备"},
    {"dim":8,"name":"业绩评估","type": "category","data": ["较差","一般",
     "优秀"]},
    } ]

# 数据设置
data=[["2015年",2.68,2.66,3.3,1.62,3.63,1.22,"较差"],
      ["2016年",4.68,5.26,8.3,6.82,9.03,4.62,"一般"],
      ["2017年",6.18,7.26,6.3,4.82,8.03,3.32,"一般"],
      ["2018年",9.18,9.26,13.3,13.82,14.63,11.62,"优秀"],
      ["2019年",9.88,9.96,12.3,10.82,11.03,13.52,"优秀"]
      ]

# 绘制平行坐标系
def Parallel_splitline()->Parallel:
    c=(
        Parallel()
        .add_schema(schema=parallel_axis)
        .add(
            series_name="",
            data=data,
            linestyle_opts=opts.LineStyleOpts(width=4,opacity=0.5),
        )
    )
    return c

Parallel_splitline().render('商品销售额年增长率分析.html')
```

在 JupyterLab 中运行上述代码，生成的商品销售额年增长率的平行坐标系如图 12-14 所示。

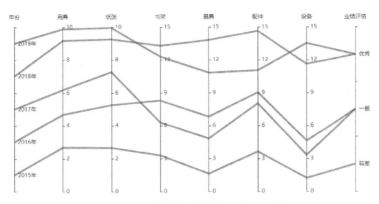

图 12-14　商品销售额年增长率的平行坐标系

12.4.2　商品销售额的着色地图

为了分析 2020 年 12 月某企业商品在湖北省主要城市的销售额情况，我们统计汇总了 2020 年 12 月的相关数据，如表 12-3 所示。

表 12-3　湖北省主要城市销售额

主要城市	销售额 / 万元	主要城市	销售额 / 万元
武汉市	91.4	荆门市	92.2
黄石市	83.1	孝感市	44.9
十堰市	19.1	荆州市	48.3
宜昌市	35.6	黄冈市	49.9
襄阳市	46.5	咸宁市	24.9
鄂州市	25.2	随州市	71.9

下面使用 Pyecharts 库绘制 2020 年 12 月湖北省商品销售额的着色地图，代码如下。

```
# 导入相关库
from pyecharts import options as opts
from pyecharts.charts import Map

c=(
    Map()
    .add("",
        [("武汉市",91.4),("荆门市",92.2),("黄石市",83.1),
         ("孝感市", 44.9),("十堰市",19.1),("荆州市",48.3),
         ("宜昌市",35.6),("黄冈市",49.9),("襄阳市",46.5),("咸宁市",24.9),
         ("鄂州市",25.2),("随州市",71.9)],"湖北")
    .set_global_opts(
        title_opts=opts.TitleOpts(
            title="2020 年 12 月湖北省主要城市销售额的着色地图 ",
            title_textstyle_opts=opts.TextStyleOpts(font_size=20)),
        visualmap_opts=opts.VisualMapOpts(max_=100, is_piecewise=True)
    )
    .set_series_opts(label_opts=opts.LabelOpts(font_size=16))
    .render(" 销售额着色地图 .html")
)
```

在 JupyterLab 中运行上述代码，即可生成销售额着色地图。

12.4.3　商品客户评价的词云

为了更好地了解客户对商品和服务的评价，我们收集了部分客户对某企业商品的评价等信息，如客户昵称、分类评价日期和具体评价，如图 12-15 所示。

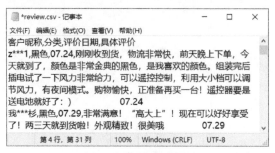

图 12-15　客户评价

下面使用 WordCloud 库绘制客户评价的关键词词云，其中词语的不同颜色和大小表示词频的大小，背景图我们使用心形图，代码如下。

```python
# 导入相关库
import jieba
from wordcloud import WordCloud
from matplotlib import pyplot as plt
from imageio import imread

# 读取数据
text=open('review.csv','r',encoding='utf-8').read()
# 读取停用词，创建停用词表
stwlist=[line.strip() for line in open('stopwords.txt',encoding='utf-8').
readlines()]

# 文本分词
words=jieba.cut(text,cut_all=False,HMM=True)

# 文本清洗
mytext_list=[]
for seg in words:
    if seg not in stwlist and seg!=" " and len(seg)!=1:
        mytext_list.append(seg.replace(" ",""))
cloud_text=",".join(mytext_list)
# 读取背景图
jpg=imread('Background.jpg')
#生成词云
wordcloud=WordCloud(
    mask=jpg,
    background_color="white",
    font_path='msyh.ttf',
    width=1600,
    height=1200,
    margin=20
).generate(cloud_text)
```

```
# 绘制图
plt.figure(figsize=(15,9))  # 可以进行放大或缩小
plt.imshow(wordcloud)
# 去除坐标轴
plt.axis("off")
plt.show()
```

在 JupyterLab 中运行上述代码，生成的词云如图 12-16 所示。

图 12-16　词云

>>>>>>>>>> # 12.5　实践训练

实践 1： 使用 "churn.csv" 表中的数据，利用 Python 绘制图 12-17 所示的 2019 年价格因素导致的商品退单的饼图。

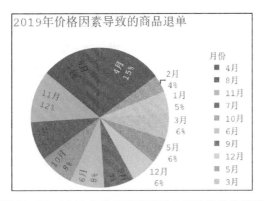

图 12-17　2019 年价格因素导致的商品退单的饼图

实践 2： 使用 "churn.csv" 表中的数据，利用 Python 绘制图 12-18 所示的 2019 年各月份客户退单主要原因分析的雷达图。

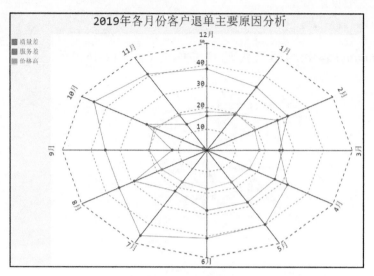

图 12-18　2019 年各月份客户退单主要原因分析的雷达图

实践 3： 使用 "churn.csv" 表中的数据，利用 Python 绘制图 12-19 所示的 2019 年客户退单原因分析的箱形图。

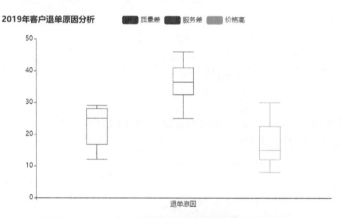

图 12-19　2019 年客户退单原因分析的箱形图

附录 A Python 3.9.0
具体安装步骤

本书中介绍的 Python 版本是 Python 3.9.0，下面介绍其具体的安装步骤（安装环境是 Windows 10 家庭版 64 位操作系统）。

注意：Python 需要安装到计算机硬盘根目录或英文路径文件夹下，即安装路径中不能有中文。

（1）在官方网站下载 Python 3.9.0，如图 A-1 所示。

图 A-1　下载 Python 软件

（2）单击 "python-3.9.0-amd64.exe"，右击 "以管理员身份运行(A)"，如图 A-2 所示。

（3）单击选中 "Add Python 3.9 to PATH" 复选框，然后单击 "Customize installation"，如图 A-3 所示。

图 A-2　运行安装程序

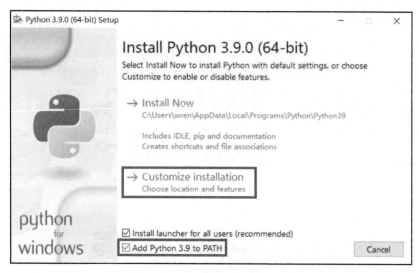

图 A-3　自定义安装

（4）根据需要选择自定义的选项，其中"pip"复选框需要单击选中，然后单击"Next"按钮，如图 A-4 所示。

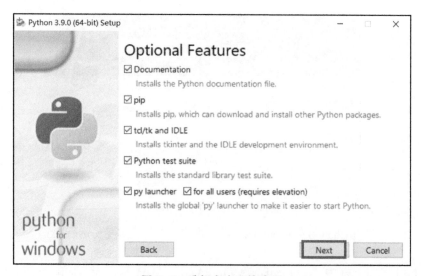

图 A-4　选择自定义的选项

（5）选择软件安装位置，默认安装在 C 盘，单击"Browse"按钮可更改软件的安装目录，更改好安装目录后单击"Install"按钮，如图 A-5 所示。

（6）稍等片刻，出现"Setup was successful"界面，说明是正常安装，单击"Close"按钮即可，如图 A-6 所示。

（7）在命令提示符窗口中输入"python"后，如果出现图 A-7 所示的信息，即 Python 版本信息，则进一步说明安装没有问题，可以正常使用 Python。

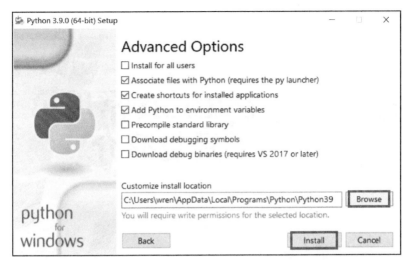

图 A-5　选择安装位置

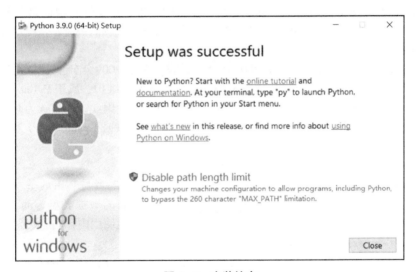

图 A-6　安装结束

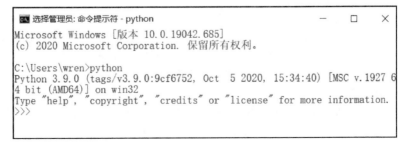

图 A-7　查看版本信息

APPENDIX B

附录 B Python 常用第三方工具包简介

B1 数据分析类包

1. Pandas

Pandas 是基于 NumPy 的一种工具，是为了解决数据分析问题而被创建的。Pandas 纳入大量库和一些标准的数据模型，提供大量能使我们快速、便捷地处理数据的函数和方法。

Pandas 最初由 AQR 公司于 2008 年 4 月开发，并于 2009 年年底开源，目前由专注于 Python 数据包开发的 PyData 开发团队继续开发和维护，属于 PyData 项目的一部分。Pandas 最初被作为金融数据分析工具开发出来，因此，Pandas 为时间序列数据分析提供了很好的支持，Pandas 的名称就来自面板数据（panel data）和 Python 数据分析（data analysis）。

数据结构如下。

Series：一维数组，与 NumPy 中的一维 Array 类似。二者与 Python 基本的数据结构 List 也很相似，其区别是 List 中的元素可以是不同的数据类型，而 Array 和 Series 中则只允许存储相同的数据类型，这样可以更有效地使用内存、提高运算效率。

Time-Series：以时间为索引的 Series。

DataFrame：二维的表格型数据结构。其很多功能与 R 语言中 data.frame 的功能类似，我们可以将其理解为 Series 的容器。

Panel：三维的数组，可以将其理解为 DataFrame 的容器。

Pandas 有两种独有的基本数据结构。应该注意的是，即使它具有两种独有的数据结构，但因为它依然是 Python 的一个库，所以 Python 中的部分数据类型在 Pandas 依然适用，它还支持自定义数据类型。只不过，Pandas 中又定义了两种数据类型，即 Series 和 DataFrame，它们使数据操作更简单了。

2. NumPy

NumPy 是高性能科学计算和数据分析的基础包。它是 Python 的一种开源数值计算扩展，提供许多高级的数值编程工具，如矩阵数据类型、精密的运算库，专为进行严格的数据处理而产生。

3. SciPy

SciPy 是一个易于使用、专为科学和工程研究设计的 Python 工具包，可以用于解决插值、积分、优化、图像处理、常微分方程数值解的求解、信号处理等问题，还可以用于有效计算 NumPy 矩阵，使 NumPy 和 SciPy 协同工作，高效地解决问题。

4. statsmodels

statsmodels 是一个 Python 模块，它提供对许多不同统计模型进行估计的类和函数，并且可以用于进行统计测试和统计数据的探索。它也提供一些与 SciPy 的功能互补的统计计算功能，如描述性统计以及统计模型估计和推断的功能。

B2　数据可视化类包

1. Matplotlib

Matplotlib 是 Python 的 2D 绘图库，它以各种"硬复制"格式和跨平台的交互式环境生成高质量的图形。

Matplotlib 可能是 Python 2D 绘图领域使用较广泛的库，它能让使用者很轻松地将数据图形化，并且提供多样化的输出格式。

2. Pyecharts

Pyecharts 是将 Python 与 Echarts 结合的强大数据可视化工具。

3. Seaborn

Seaborn 是基于 Matplotlib 的 Python 数据可视化库，能提供更高层次的 API 封装，使用起来更加方便、快捷。

Seaborn 简洁而强大，与 Pandas、NumPy 组合使用效果更佳。值得注意的是，Seaborn 并不是 Matplotlib 的代替品，很多时候仍然需要使用 Matplotlib。

B3　机器学习类包

1. Sklearn

Sklearn 是 Python 的重要机器学习库，其中封装了大量的机器学习算法，如分类、回归、降维以及聚类算法；还包含监督学习、非监督学习、数据变换三大模块。Sklearn 拥有完善的文档，这使得它具有上手容易的优势；它内置了大量的数据集，节省了用户获取和整理数据集的时间。因而，其成了广泛应用的重要机器学习库。

scikit-learn 是基于 Python 的机器学习模块。scikit-learn 的基本功能主要被分为 6 个，即分类、回归、聚类、数据降维、模型选择、数据预处理。scikit-learn 中的机器学习模型非常丰富，如支持向量机（Support Vector Machine，SVM）、决策树、K 最近邻（K-Nearest Neighbors，KNN）等，用户可以根据问题的类型选择合适的模型。

2. Keras

Keras 是高阶神经网络开发库，可运行在 TensorFlow 或 Theano 上，是基于 Python 的深度学习库。Keras 可作为高层神经网络 API，由纯 Python 语言编写而成并基于 TensorFlow、Theano 以及 CNTK 后端。Keras 为支持快速实验而生，能够把想法迅速转换为结果，如果你有如下需求，请选择 Keras：简易和快速的原型设计

（Keras 具有高度模块化、极简和可扩充的特点）、支持卷积神经网络（Convolutional Neural Network，CNN）和循环神经网络（Recurrent Neural Network，RNN），或二者的结合，可以实现中央处理器（Central Processing Unit，CPU）和图形处理器（Graphice Processing Unit，GPU）之间的无缝切换。

TensorFlow 和 Theano 以及 Keras 都是深度学习框架，TensorFlow 和 Theano 使用起来比较灵活，但比较难学，它们其实就是微分器。Keras 其实就是 TensorFlow 和 Keras 的接口（Keras 作为前端，TensorFlow 或 Theano 作为后端），它使用起来也很灵活，且比较容易学。Keras 是一个用于快速构建深度学习原型的高级库。我们在实践中发现，它是数据科学家在深度学习方面的好帮手。Keras 目前支持两种后端框架，即 TensorFlow 与 Theano，而且 Keras 已经成为 TensorFlow 的默认 API。

3. Keras-rl

Keras-rl 是用 Python 编写的高级神经网络 API，它能够以 TensorFlow、CNTK，或者 Theano 作为后端运行。

4. Theano

Theano 是 Python 深度学习库，专门应用于定义、优化、求值数学表达式，它效率高，适用于多维数组，特别适合应用于机器学习。一般来说，使用它时需要安装 Python 和 NumPy。

5. XGBoost

XGBoost 是大规模并行 Boosted Tree 的工具，它是目前最高效、最有用的开源 Boosted Tree 工具包之一。XGBoost（eXtreme Gradient Boosting）是 Gradient Boosting 算法的优化版本，针对传统 GBDT 算法做了很多细节改进，它包括损失函数、正则化、切分点查找算法优化等。

相对于传统的梯度提升算法，XGBoost 增加了正则化步骤。正则化的作用是减少过拟合现象。XGBoost 随机抽取特征，这个方法借鉴了随机森林的建模特点，可以防止过拟合。XGBoost 在速度上有很好的优化，主要体现在以下方面。

➤ XGBoost 实现了分裂点寻找近似算法，先通过直方图算法获得候选分割点的分布情况，然后根据候选分割点将连续的特征信息映射到不同的数据桶（Buckets）中，并统计、汇总信息。

➤ XGBoost 考虑了训练数据为稀疏值的情况，可以为缺失值或者指定的值指定分支的默认方向，这样能极大提高算法的效率。

➤ 正常情况下梯度提升算法都是顺序执行的，所以速度较慢，XGBoost 的特征列排序后以块的形式存储在内存中，在迭代过程中可以重复使用，因而 XGBoost 在处理每个特征列时可以做到并行。

总的来说，XGBoost 相对于 GBDT 在模型训练速度以及降低过拟合方面有不少的改善。

6. TensorFlow

TensorFlow 是 Google 公司基于 DistBelief 研发的第二代人工智能学习系统。

7. TensorLayer

TensorLayer 是为研究人员和工程师设计的基于 Google TensorFlow 开发的深度学习与强化学习库。

8. Tensorforce

Tensorforce 是构建于 TensorFlow 之上的新型强化学习 API。

9. jieba

jieba 库是优秀的 Python 第三方中文分词库。jieba 支持 3 种分词模式，即精确模式、全模式和搜索引擎模式，下面是 3 种模式的特点。

精确模式：试图将语句最精确地切分，不存在冗余数据，适合用于文本分析。

全模式：将语句中所有可能是词的词语都切分出来，速度很快，但是存在冗余数据。

搜索引擎模式：在精确模式的基础上，对长词再次进行切分。

10. WordCloud

WordCloud 库，可以说是 Python 非常优秀的词云展示第三方库。词云以词语为基本单位，能更加直观和艺术地展示文本。

11. PySpark

PySpark 是大规模内存分布式计算框架。

参考文献

[1] 王国平. Python 数据可视化之 Matplotlib 与 Pyecharts[M]. 北京：清华大学出版社，2020.

[2] 张杰. Python 数据可视化之美：专业图表绘制指南 [M]. 北京：电子工业出版社，2020.

[3] 高博，刘冰，李力. Python 数据分析与可视化：从入门到精通 [M]. 北京：北京大学出版社，2020.

[4] 刘大成. Python 数据可视化之 matplotlib 精进 [M]. 北京：电子工业出版社，2019.

[5] 李迎. Python 可视化数据分析 [M]. 北京：中国铁道出版社，2019.

[6] 屈希峰. Python 数据可视化：基于 Bokeh 的可视化绘图 [M]. 北京：机械工业出版社，2019.

[7] 刘大成. Python 数据可视化之 matplotlib 实践 [M]. 北京：电子工业出版社，2018.

[8] 沈祥壮. Python 数据分析入门：从数据获取到可视化 [M]. 北京：电子工业出版社，2018.

[9] 孙洋洋，王硕，邢梦来，等. Python 数据分析：基于 Plotly 的动态可视化绘图 [M]. 北京：电子工业出版社，2018.